ZEBRAFISH EXPERIMENTAL GUIDE

ゼブラフィッシュ実験ガイド

平田普三［編著］

朝倉書店

まえがき

生命科学研究のゴールはヒトを理解することにあるが，ヒトを対象とした研究にはさまざまな制約があり，実験にはモデル動物や培養細胞が使われることが多い．モデル動物としてはマウスが主流で，それは今後も揺るぎないだろう．しかし，マウスが生命科学研究に万能なわけではなく，それぞれの実験目的に合ったモデル動物が選択される．PubMedで検索できる年間論文数でいうと，ゼブラフィッシュはマウスには遠く及ばないが，近年はショウジョウバエや線虫よりも多くなり，現在も増加の一途をたどっている．ヒトと同じ脊椎動物であるという「近さ」を活かし，マウスを補完するモデル動物の地位を確かなものにした．それでも諸外国に比べて日本では，ゼブラフィッシュを実験に取り入れる研究者はアカデミアでも企業でも少ない．それには装置導入や維持のコストやスペースの問題，新たな実験系構築への敷居の高さが要因としてあげられる．ゼブラフィッシュを使うとどんなことができるのか，それにはどんな準備が必要なのかを知ってもらえると，小さな熱帯魚に大きな未来が見えるだろう．

ゼブラフィッシュのガイドブックとしては，オレゴン大学神経科学研究所のウェスターフィールド（Monte Westerfield）教授が1993年に出版した *The Zebrafish Book* が初出で，2007年に改訂第5版が刊行されている．同書はオレゴン大学にネット注文すれば50ドルで購入できるが，それとほぼ同じ内容の第4版はウェブで全文が公開されており，誰でも無料で読むことができる．読みたい方は“Zebrafish Book”で検索されたい．他にも英語で書かれた書籍はいくつか出版されている．一方，日本語で書かれたものは，モデル生物の本の中の1つの章として，あるいは発生や行動の最新の知見を集めた書籍としてはあるものの，*The Zebrafish Book* の日本語版となるものやそれを補完するものはなかった．

本書はゼブラフィッシュの飼育法，発生，行動，遺伝子操作，ライブイメージング，化合物アッセイ，毒性検査，リソース事業，研究に必要な手続きなどについて実用性を意識して広くカバーしたものとなっている．また，当該分野の専門家には常識となっている流儀やコツを掲載し，有用な研究機器や市販商品を紹介することにも努めている．執筆は各分野で最先端の研究を牽引する研究者にお願いし，短い期間で書き上げていただき，最新情報を取り入れるべく出版まで何度も校正をしていただいた．この場を借りて，著者の先生方に心から感謝申し上げる．

最後に，本書を手に取り，まえがきを読んでくださった皆様，ご購入くださった皆様に厚く御礼を申し上げたい．ゼブラフィッシュやメダカなどの小型魚類を研究に使っている方にすぐに役立つ情報を提供できるなら，本書を出版した意義があるだろう．そして，これまでゼブラフィッシュを論文の記述でしか見たことのない方に，論文を読む助けとして使ってもらえるなら，あるいはゼブラフィッシュを用いた実験をしたいと思うきっかけを提供できるなら，それは編者として無上の喜びを禁じ得ない．本書が皆様のお役に立つことを心から願っている．

2020年10月

著者を代表して　平田普三

編著者

平田普三　青山学院大学理工学部

執筆者（五十音順）

浅川和秀　東京医科大学ケミカルバイオロジー講座
飯田敦夫　名古屋大学大学院生命農学研究科
石岡亜季子　理化学研究所脳神経科学研究センター
伊藤素行　千葉大学大学院薬学研究院
井原邦夫　名古屋大学遺伝子実験施設
岡本　仁　理化学研究所脳神経科学研究センター
亀井宏泰　金沢大学理工研究域
川上浩一　情報・システム研究機構国立遺伝学研究所発生遺伝学研究室
川原敦雄　山梨大学総合医科学センター
木村有希子　自然科学研究機構生命創成探究センター
酒井則良　情報・システム研究機構国立遺伝学研究所遺伝形質研究系
清水貴史　名古屋大学大学院理学研究科
鑪迫典久　愛媛大学農学部
橋本寿史　名古屋大学大学院理学研究科
東島眞一　自然科学研究機構生命創成探究センター
日比正彦　名古屋大学大学院理学研究科
松田大樹　立命館大学生命科学部
宮坂信彦　理化学研究所脳神経科学研究センター
武藤　彩　東邦大学医学部
横井勇人　東北大学大学院農学研究科

目　次

第1章 実験動物としてのゼブラフィッシュ

1.1 モデル動物としてのゼブラフィッシュの登場

生物学を創始したのは古代ギリシアの哲学者アリストテレス（Aristotle, BC 384-322）とされ，彼が体系化した動物学は新種の動物の発見，記述，分類を中心に発展し，それは現在にも引き継がれている．動物学者は動物を捕まえて飼育，観察する中で，顕微鏡の進歩にも助けられ，卵から個体が形成される胚発生過程や遺伝，あるいは進化といった生命現象をも研究するようになった．普遍的な生命現象を研究するために用いられる動物をモデル動物といい，対象とする生命現象に適した動物が選択される．古くから発生の研究にはウニやカエル，イモリ，遺伝の研究にはショウジョウバエなどが選択されてきた．

1950年代にワトソン（James D. Watson, 1928-, 1962年ノーベル生理学・医学賞受賞），クリック（Francis H. C. Crick, 1916-2004, 1962年ノーベル生理学・医学賞受賞）らがDNAの二重らせん構造を発見して分子生物学が確立した頃，生物学の最先端のモデルは大腸菌に代表される細菌とそれに感染するウイルスであるバクテリオファージだった．これらのツールは分子生物学の黎明期からセントラルドグマの確立に大きく貢献してきた．生命の普遍原則であるセントラルドグマは，どのコドンがどのアミノ酸をコードするかという遺伝コードの解読でひととおりの完成を迎え，その後は，ファージを使う研究者の多くがヒトの理解を視野に新たな生命の謎を求めて動物の形態形成や脳機能に目を向けるようになった．もともとT4ファージでコドンの研究をしていたブレンナー（Sydney Brenner, 1927-2019, 2002年ノーベル生理学・医学賞受賞）は，コドン表の完成後は線虫をモデルとした多細胞生物の発生生物学を立ち上げ，器官発生とプログラム細胞死の研究でノーベル賞を受賞した（Brenner, 2008）．T4ファージの遺伝子地図を研究していたベンザー（Seymour Benzer, 1921-2007）はショウジョウバエを用いて，走光性，概日リズム，求愛行動などが遺伝子で規定されることを見出し，動物の行動遺伝学を興した（Anderson and Brenner, 2008）．

同じくT4ファージを使い，ファージのハイブリッドを研究していたストライジンガー（George Streisinger, 1927-1984；p. 5コラム参照）は1960年代にオレゴン大学でゼブラフィッシュをモデル動物とした脊椎動物の遺伝学を始めた（Streisinger et al., 1981；Grunwald and Eisen, 2002）．ストライジンガーは1984年に急死するが，ゼブラフィッシュの神経発生を研究していたオレゴン大学の同僚キンメル（Charles Kimmel）が発生ステージを定義するなどゼブラフィッシュの発生学研究の基礎を構築した（Kimmel, 1972；Kimmel et al., 1995）．ショウジョウバエの発生に必要な遺伝子を全ゲノム規模の変異体スクリーニングで多数同定したニュスライン＝フォルハルト（Christiane Nüsslein-Volhard, 1942-, 1995年ノーベル生理学・医学賞受賞；Wieschaus and Nüsslein-Volhard, 2016）は脊椎動物で同様の変異体スクリーニングをするのにゼブラフィッシュを採用し，1990年代初頭にドイツのチュービンゲンで大規模変異体スクリーニングを開始した．同じ頃，ドリーバー（Wolfgang Driever, 1960-）とフィッシュマン（Mark Fishman, 1947-）のグループも米国のボストンで同様の変異体スクリーニングを始めた．これら2つの大規模スクリーニングで4,000以上の変異体が一気に単離され，その成果は1996年12月に37報の論文として*Development*誌に掲載された（Driever et al., 1996；Haffter et al., 1996）．これ以降，ゼブラフィッシュは発生生物学，神経科学のモデル動物として広く使われるようになった．

1.2 ゼブラフィッシュの特徴と利点

ゼブラフィッシュは体表にある紺色の縞模様（頭尾軸方向なので縦縞）を特徴とする淡水魚で，インドやネパール，バングラデシュなど南アジア熱帯地域の河川に生息する（Harper and Lawrence, 2011）．体長は成魚でも 3〜5 cm と小型で，見た目の美しさに加えて飼育や繁殖が容易なことから，古くから観賞用熱帯魚として飼育されてきた．日本でもペットショップやホームセンターの観賞魚コーナーで 1 匹 100 円で入手できる．分類としては条鰭綱の真骨魚類の中でもコイ目コイ科に属するので，コイやキンギョと近縁であり，ダツ目メダカ科に属するメダカからは遠い（図 1.1；Volff, 2005）．自然界では河川で動物プランクトンや昆虫を食べて育ち，主に雨季に繁殖するが，実験室ではゾウリムシやブラインシュリンプ（エビ幼生），粉餌で育て，常時 28.5℃ の水温で飼育すると，一年中産卵させることができる．熱帯魚なので日本の野外環境では越冬できないとされており，実際ゼブラフィッシュが本州の河川で捕獲されたという記録はない．言うまでもないが，外来種なので観賞用あるいは研究用のゼブラフィッシュを野外で放逐してはいけない．

ゼブラフィッシュはモデル動物として以下の利点を有し，マウスを補完するモデル脊椎動物として注目されている（Grunwald and Eisen, 2002）．

①飼育が容易で，飼育コストもマウスに比べて安い．
②多産で，母体外で受精および発生する．
③胚発生が速い．
④胚が透明なので，細胞形態や神経活動などをライブイメージングできる．
⑤ヒトと同じ脊椎動物であり，鰓と肺の違いなど一部を除き，ヒトと同じ器官を有する．
⑥ランダム変異導入による変異体スクリーニングを研究室レベルで行える．
⑦ヒト疾患のモデルとして利用できる．
⑧水生なので薬剤を作用させるのが容易で，*in vivo* の化合物スクリーニングを行える．
⑨ゲノムプロジェクトが完了している．

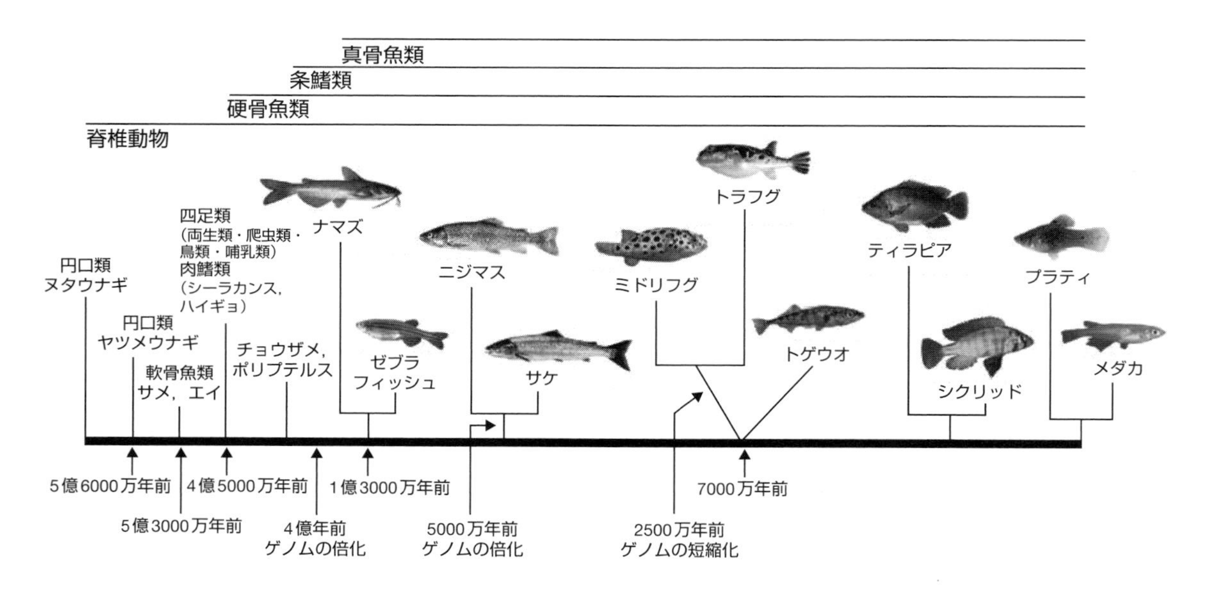

図1.1 ゼブラフィッシュと他の魚の進化的位置（Volff,2005 を改変）

1.3 ゼブラフィッシュの弱点

ゼブラフィッシュのモデル動物としての弱点は何だろうか．ゼブラフィッシュではES細胞が開発されておらず，相同組換えによる遺伝子破壊やノックインもほぼできなかった．近年のゲノム編集技術の発展により，CRISPR/Cas9法を用いた遺伝子破壊や遺伝子ノックインが容易になり，この弱点は克服されつつある．アンチセンスモルフォリノオリゴを用いた遺伝子の機能阻害は簡便に行えるが，RNAiによる遺伝子の機能阻害がワークした例は少ない．また，性決定機構はいまだに解明されておらず，受精から3週間の仔魚期に性分化するが見た目ではわからず（Uchida et al., 2002），成魚まで育ててみないと，オスかメスかを判定できない．成魚まで育ててみると8割がオスあるいはメスということもあり，飼育環境や栄養に左右されるが詳細は不明である．

1.4 ゼブラフィッシュ vs メダカ

ゼブラフィッシュとメダカはどちらもモデル動物として使われる魚なので，よく比較される（**表1.1**；Naruse et al., 2020）．ゼブラフィッシュの方が研究者人口が多く，変異体やトランスジェニックなどのリソースも充実しているので，魚を使ったことのない研究者にとって参入しやすい．一方で，日本にはメダカ研究の歴史と蓄積があり，世界で最もメダカ研究の進んだ国である（Kinoshita et al., 2009；Naruse et al. eds., 2011）．解析したい現象や行動など，目的に応じて選択するといいが，同じ遺伝子を欠失させた変異体でもゼブラフィッシュとメダカで表現型が異なる場合もある（Hirata and Iida eds., 2018）．

表1.1 ゼブラフィッシュとメダカの比較

	ゼブラフィッシュ	メダカ
学　名	*Danio rerio*	*Oryzias latipes* ミナミメダカ *Oryzias sakaizumii* キタノメダカ *Oryzias sinensis* チュウゴクメダカ
分　類	コイ目コイ科	ダツ目メダカ科
原産地	南アジア	東南アジア～東アジア
生育温度	16～30℃	4～40℃
成魚の体長	3～5 cm	3～4 cm
寿　命	3.5年（Gerhard et al., 2002）	4年
性成熟	2～3か月	2～3か月
実験室での産卵周期	3～5日	毎日
産卵数	50～200個	10～20個
孵化日数	3日（28.5℃）	9日（25℃）または7日（30℃）
ゲノムサイズ	1,700 Mb	800 Mb
染色体数	$2n = 50$	$2n = 48$
性決定機構	不明　野生系統でZZ-ZW型の報告あり（Wilson et al., 2014）	XX-XY型　性決定遺伝子DMYがオスを決定する（Matsuda et al., 2007）
近交系統	IM, sjAなど	Hd-rR, HNIなど多数
温度感受性変異体	少ないが存在する	存在する
世界の研究者人口	10,000人	300人
市場流通価格	100円	20円

1.5 ゼブラフィッシュの学会・研究会

国内にゼブラフィッシュの学会組織はないが，「小型魚類研究会」と「ゼブラフィッシュ・メダカ創薬研究会」の2つの研究会が開催されている．小型魚類研究会はゼブラフィッシュやメダカなどの小型魚類，ならびに他の水生動物に関する基礎研究・応用技術についての情報交換を図る研究会で，1995年以降，毎年8月下旬か9月に開催されている．ゼブラフィッシュ・メダカ創薬研究会は創薬や毒性検査など産業応用を視野に入れた内容が多く，2015年から毎年11月に開催されている．

国際的にはInternational Zebrafish Society（IZFS）という学会組織があり，隔年で全体大会（International Zebrafish Conference）と研究室主宰者クラスを対象としたPI meeting（Strategic Conference of Zebrafish Investigators）を開催している．これとは別にZebrafish Disease Models Society（ZDMS）という学会組織もあり，疾患モデルとしてのゼブラフィッシュの有用性に注目した研究会Zebrafish Disease Modelsを毎年開催している．〔平田普三〕

本章の執筆にあたり，成瀬清さん（基礎生物学研究所）のご助言をいただきましたので，この場を借りて御礼申し上げます．

コラム　ゼブラフィッシュの学名と和名と流通名

ゼブラフィッシュの学名は*Danio rerio*だが，ジョージ・ストライジンガーの1981年の*Nature*論文など古い文献を読むと，学名が*Brachydanio rerio*だったことがわかる(Streisinger et al., 1981)．コイ目コイ科にはダニオ亜科があり，ゼブラフィッシュはそこに属する．ゼブラフィッシュは実験動物に採用されたことで，ダニオ亜科300種の代表格と目されるようになり，学名を*Danio rerio*に変更したいという意見がゼブラフィッシュの研究者から上がった．1993年にコールド・スプリング・ハーバー研究所で開催されたゼブラフィッシュの国際会議で，ゼブラフィッシュの学名を*Brachydanio rerio*のままにするか*Danio rerio*に変更するかで投票が行われ，*Danio rerio*に決まって今日に至る．

このように生物の学名が研究者の投票で決まることは今でもときどきある．ゼブラフィッシュの和名はシマヒメハヤだが，日本でこうよんでも誰にも通じない．ペットショップではゼブラダニオという流通名で売られており，研究者以外はみなそうよんでいる．結局，ゼブラフィッシュとは研究者が汎用する通称なのである．

コラム　ジョージ・ストライジンガー

ジョージ・ストライジンガーは1927年，毛皮商人の父アンドールとネクタイ販売員の母マーギットの間に，ハンガリー系ユダヤ人としてブダペストで生まれた（Varga, 2018）．幼少期に医師から心臓に雑音があると診断を受けて運動を避けるようになったが，子ども時代は昆虫採集に執心し，これが研究者人生の原点となった．ドイツでのナチスの台頭とともにハンガリーでもユダヤ人迫害の危機が迫り，1939年に母の姉妹を頼り米国に亡命し，ニューヨークに移住した．高校生のときにアメリカ自然史博物館で魚の飼育を手伝う機会を得て，趣味で自宅でも魚を飼育するようになり，これが将来のゼブラフィッシュ研究に活かされたと後年述懐している．高校卒業後の夏休みにコロンビア大学のドブジャンスキー（Theodosius G. Dobzhansky, 1900-1975）の研究室でショウジョウバエの研究にふれ，以後，研究室に出入りするようになる．

ストライジンガーは1944年に16歳でコーネル大学に入学し，経済的な苦難を乗り越えて1950年に卒業した．その間にショウジョウバエの学術論文を3報出している．また，ドブジャンスキーの紹介で当時最先端のファージ研究をしていたコールド・スプリング・ハーバー研究所に行く機会を得て，ファージ研究にも魅了された．ナチスの迫害を避けてドイツのミュンヘンから米国に移住したコーネル大学の同級生シールマン（Lotte Sielman, 1927-2017）と結婚したのも学部学生のときである．大学卒業後はイリノイ大学のルリア（Salvador E. Luria, 1912-1991, 1969年ノーベル生理学・医学賞受賞）の研究室でファージの研究をして1953年に学位を取得し，カルフォルニア工科大学のデルブリュック（Max L. H. Delbrück, 1906-1981, 1969年ノーベル生理学・医学賞受賞）の研究室でファージの研究を続けて業績を上げた．

図　ジョージ・ストライジンガー（1927-1984）（オレゴン大学ウェブサイトより）

1960年にオレゴン大学の分子生物学研究所に職を得て，ファージの研究を続けつつもファージ研究に限界を感じ，魚類を用いた脊椎動物の発生の研究を一人で始めた．当初はどの魚が研究に向いているのかもわからなかったので，メダカやキンギョ，グッピーなどあらゆる魚をペットショップで購入して飼育し，試行錯誤を重ね産卵させて胚の観察をしたが，飼育のしやすさや産卵数の多さ，仔魚期は体が透明であることなどから，ゼブラフィッシュが発生研究に適していることを見出した．次にゼブラフィッシュを安定して飼育するシステムを構築し，さらに紫外線やγ線を照射して変異を導入することで，色素形成や発生に異常のある変異体を単離することに成功し，ゼブラフィッシュを用いた脊椎動物の発生遺伝学を創始した（Streisinger et al., 1981）．ストライジンガーは1984年，スキューバダイビング中に心臓発作を起こし，56歳の若さでこの世を去った．幼少期に診断された心臓の病は完治してはいなかったようである．ストライジンガーはゼブラフィッシュ研究の父と賞賛されており，彼が見出した小さな熱帯魚は世界中の研究室で実験動物として使われている（Grunwald and Eisen, 2002）．

>>> 引用文献

Anderson, D. and S. Brenner, Obituary: Seymour Benzer (1921-2007), Nature, **451** (7175), 139 (2008).

Brenner, S., An interview with... Sydney Brenner. Interview by Errol C. Friedberg, *Nat. Rev. Mol. Cell Biol.,* **9** (1), 8-9 (2008).

Driever, W. et al., A genetic screen for mutations affecting embryogenesis in zebrafish, Development, **123**, 37-46 (1996).

Gerhard G. S. et al., Life spans and senescent phenotypes in two strains of Zebrafish (*Danio rerio*), Exp. Gerontol., **37** (8-9), 1055-68 (2002).

Grunwald, D. J. and J. S. Eisen, Headwaters of the zebrafish: emergence of a new model vertebrate, *Nat. Rev. Genet.*, **3** (9), 717-24 (2002).

Haffter, P. et al., The identification of genes with unique and essential functions in the development of the zebrafish, Danio rerio, Development, **123**, 1-36 (1996).

Harper C. and C. Lawrence., *The Laboratory Zebrafish*, CRC Press (2011).

Hirata, H. and A. Iida eds., *Zebrafish, Medaka, and Other Small Fishes: New Model Animals in Biology, Medicine, and Beyond*, 1st ed., Springer (2018).

Kimmel, C. B., Mauthner axons in living fish larvae, *Dev. Biol.*, **27** (2), 272-5 (1972).

Kimmel, C. B. et al., Stages of embryonic development of the zebrafish, *Dev. Dyn.*, **203** (3), 253-310 (1995).

Kinoshita, M. et al., *Medaka: Biology, Management, and Experimental Protocols*, 1st ed., Wiley-Blackwell (2009).

Matsuda, M. et al., DMY gene induces male development in genetically female (XX) medaka fish, *Proc. Natl. Acad. Sci. U S A*, **104** (10), 3865-70 (2007).

Naruse, K. et al. eds., *Medaka: A Model for Organogenesis, Human Disease, and Evolution*, Springer (2011).

Naruse, K. et al., Medaka and *Oryzias* species as model organisms and the current status of medaka biological resources, in K. Murata et al. eds., *Medaka: Biology, Management, and Experimental Protocols*, vol. 2, pp. 31-48, Wiley (2020).

Streisinger, G. et al., Production of clones of homozygous diploid zebra fish (*Brachydanio rerio*), *Nature*, **291** (5813), 293-6 (1981).

Uchida, D. et al., Oocyte apoptosis during the transition from ovary-like tissue to testes during sex differentiation of juvenile zebrafish, *J. Exp. Biol.*, **205** (Pt 6), 711-8 (2002).

Varga, M., The doctor of delayed publications: the remarkable life of George Streisinger (1927-1984), *Zebrafish*, **15** (3), 314-9 (2018).

Volff, J. N., Genome evolution and biodiversity in teleost fish, *Heredity* (Edinb), **94** (3), 280-94 (2005).

Wieschaus, E. and C. Nüsslein-Volhard, The Heidelberg screen for pattern mutants of *Drosophila*: a personal account, *Annu. Rev. Cell Dev. Biol.*, **32**, 1-46 (2016).

Wilson, C. A. et al., Wild sex in zebrafish: loss of the natural sex determinant in domesticated strains, *Genetics*, **198** (3), 1291-308 (2014).

第2章 系 統

2.1 系統とは何か

ゼブラフィッシュのような継代飼育が可能な生物種では，他と区別できる遺伝的特徴をもつ継代可能な集団を作製することができ，これを「系統」とよぶ．系統学や系統発生で使われる「系統」は種を想定しており，意味合いが異なる．ゼブラフィッシュの代表的な統合データベース The Zebrafish Information Network（ZFIN；第15章参照）には4万以上の系統が登録されているが，そのほとんどは変異体系統や特定の導入遺伝子（transgene）をもつトランスジェニック系統である．これらの多くは，野生型系統（wild-type strain）とよばれる，野生種もしくはそれに類似する祖先から決まった継代方法で維持された系統をもとに作製されている．現在，ZFINには32の野生型系統が登録されている．

系統という言葉には，英語のline（生物における世代の連繋）とstrain（祖先を共通とし，遺伝子型の等しい個体群）の2つの意味が含まれる．それぞれ定義された専門用語ではないため，使われ方に曖昧なところがあるが，意味合いは多少異なるようで，ゼブラフィッシュでは野生型系統をstrainとよび，それから作製された変異体やトランスジェニック系統などをlineとよぶことが多い．比較的大きな集団に対してはstrainを使い，それから派生した小さなサブ集団にはlineを使うようである．

本章では，ゼブラフィッシュの研究で使用することが多い野生型系統について，その由来や維持の方法を概略するとともに，実験動物として利用価値の高い近交系の現状について述べる．

2.2 野生型系統

2.2.1 クローズドコロニー

野生の生物種の集団は遺伝的に多様であり，各個体は遺伝的に異なる．遺伝学研究や分子生物学研究を行う場合，この遺伝的な違いが大きな問題となる．たとえばマウスでは，近交系（inbred strain）が複数樹立されており，近交系間で特定遺伝子の変異体の表現型が異なったり，さらには学習や記憶，攻撃的な行動，生殖行動，薬剤応答などが異なることが認められている（Crawley et al., 1997）．近交系は兄妹交配を20世代以上繰り返し，遺伝的に同一の個体であるとみなすことができる系統で，近交系間の違いはもともとの野生種に存在した遺伝的個体差に起因するものである．もし，野生種をそのまま実験に用いたら，このような遺伝的個体差のために，目的の実験結果の有意差が見えなくなることが多々起こるだろう．

遺伝的個体差を小さくすることを目的に，多くのモデル生物では，遺伝的多様性を減らした系統が開発されている．ゼブラフィッシュの野生型系統のほとんどは，野生種もしくはそれに類似する集団をランダムに交配して継代した系統であり，クローズドコロニー（closed colony）とよぶべきものである（図2.1）．使いやすいが，近交系ほどの遺伝的に均質な系統ではない．ゼブラフィッシュの代表的な野生型系統について，由来や継代方法を以下に紹介する．各系統の詳細についてはTrevarrow and Robison（2004）を参照されたい．これらの野生型系統はいずれもオレゴン大学のストックセンター Zebrafish International Resource Center（ZIRC）あるいは日本のストックセンターであるナショナルバイオリソースプロ

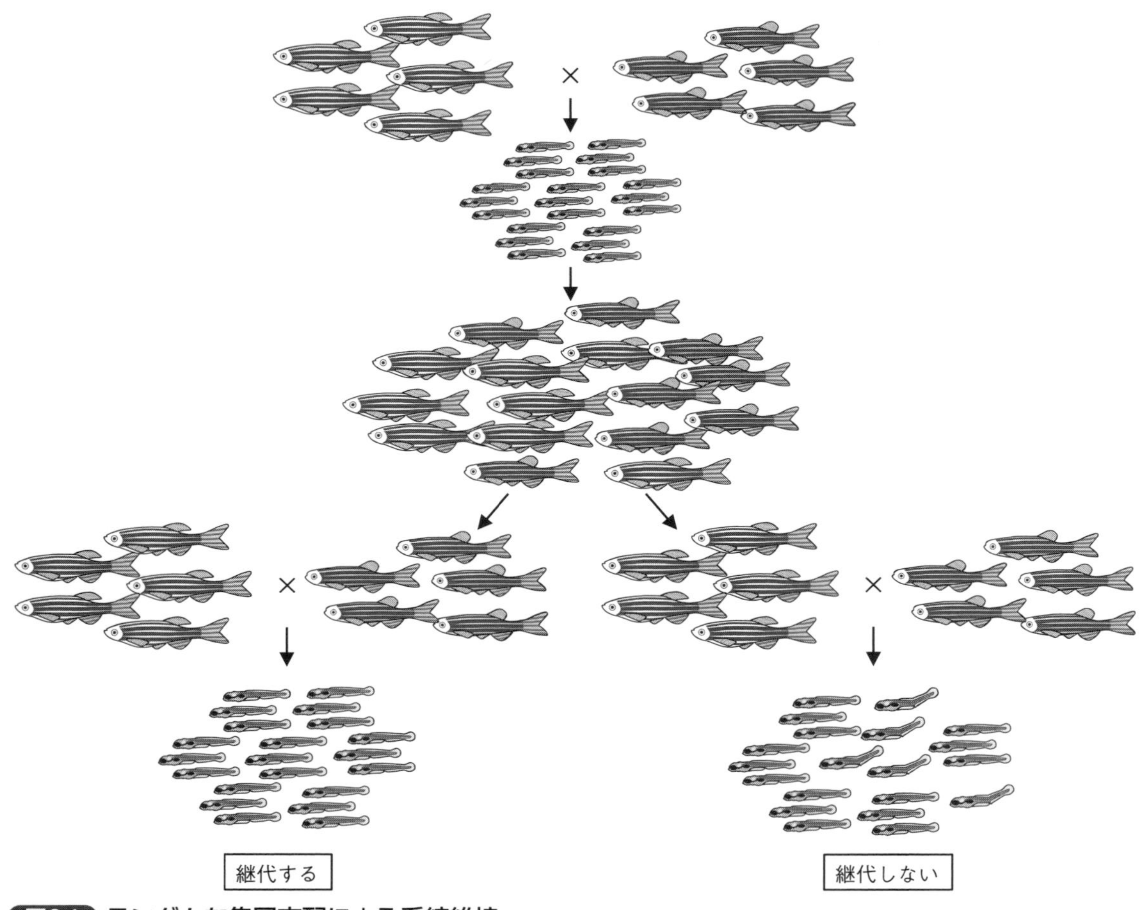

図2.1 ランダムな集団交配による系統維持
ここではメス5匹，オス5匹を描いているが，実際にはもっと多くの個体を用いる．致死となる仔魚を生んだ集団を継代しないことで致死性変異を除いている．

ジェクト（NBRP）から入手できる．

2.2.2 *AB*系統

*AB*系統はオレゴン大学で樹立された代表的な野生型系統である．ストライジンガーがオレゴン州オールバニーのペットショップで購入した2つの系統*A*と*B*に由来する．ゼブラフィッシュの精子に紫外線を照射し，精子DNAを不活化してから人工受精すると，半数体胚を作出できる．*AB*系統の確立にあたっては，多くのメスから半数体胚を作製し，胚の発生状態からメス親を選別することで，致死的な変異を取り除いている．さらに以下に詳述する“round robin”mating とよばれる手間のかかる交配方法で継代し，1991年時点で70世代に達している．2,120の遺伝子座における一塩基多型（Single Nucleotide Polymorphism：SNP）の解析から，*AB*の遺伝子座の24.8%はヘテロであり，近交系ではないことが確認されている（Guryev et al., 2006）．

“round robin”mating では，異なる世代のオス60～66匹とメス30匹を用いる．それぞれのオスから精子を採取して，約10匹ずつ混合して6本のチューブに分け，メスから絞り出した未受精卵と人工受精させる．6つの受精卵集団を独立に育て，各集団から最も見た目がよい15個体の胚を選び，生残と浮き袋の形成を観察する．すべて生残し，浮き袋が正常に形成されるものが13/15以上ある集団を混合して次世代が残されている．こ

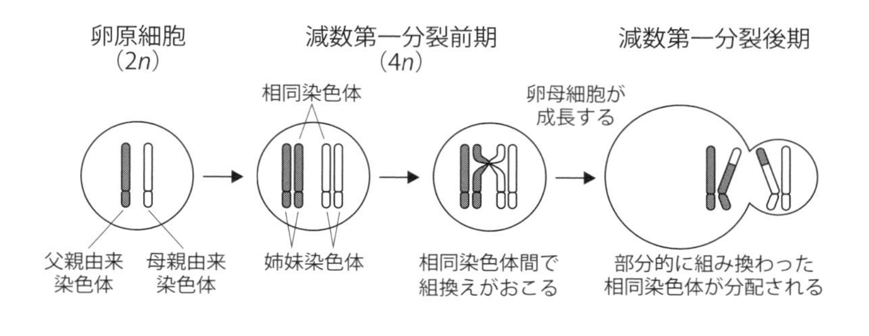

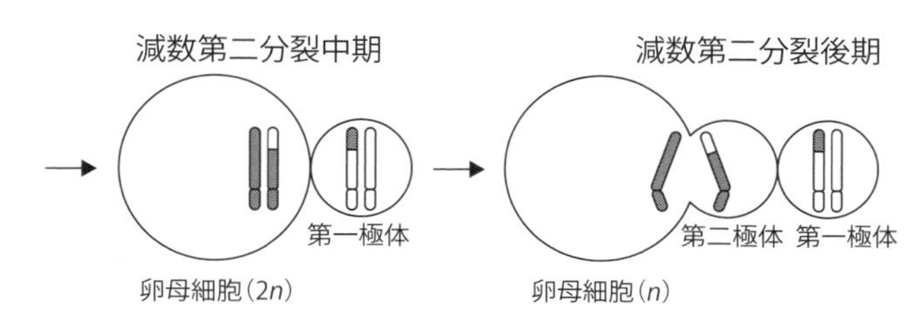

図2.2 加圧による半数体の二倍体化におけるゲノム組成の模式図
減数第一分裂前期で，父親由来と母親由来の相同染色体の一部で組換えが起こる．組換え頻度は1染色体あたり1か所程度である．第一分裂で組換え後の相同染色体が分配され，第二分裂で姉妹染色体が分配される．加圧により，第二分裂における第二極体の放出を抑えると，卵母細胞に姉妹染色体が残り，二倍体化する．したがって，組換えの起こらなかった染色体領域はホモ接合となるが，組換えの起こった領域は組換え前の相同染色体の組み合わせとなりヘテロ性が残る．

うすることで，発生に悪影響を及ぼす変異を排除しつつ，遺伝的多様性を維持した継代ができる．

また，*AB* 系統のメス 180 匹から，その半数体胚の表現型を指標に優良な 21 匹を選び，それらの半数体を加圧して二倍体化した**AB*（スターAB）という派生系統も樹立されたが（図 2.2），現在はこれも *AB* 系統とよばれている．

2.2.3 Tübingen（TU）系統

ドイツ・チュービンゲンのマックスプランク研究所でニュスライン＝フォルハルトのもと樹立され，ゼブラフィッシュのゲノムプロジェクトに用いられた系統である（Howe et al., 2013）．チュービンゲンのペットショップで購入した個体に由来するとされ，20 ペアをランダムに交配することで維持されてきたクロースドコロニーである．胚性致死となる変異を取り除いているが，具体的な方法は記載されていない．一塩基多型の解析から，この系統の遺伝子座の 14.6% はヘテロであることが報告されている（Guryev et al., 2006）．

2.2.4 Tüpfel long fin（TL）系統

チュービンゲンのペットショップで購入した個体に由来するとされ，表皮の色素パターンが縞模様ではなく斑点型になる潜性変異である leo^{t1} 変異と尾鰭が長くなる顕性変異である lof^{dt2} 変異の両方をホモにもつ．皮膚の色素模様が斑点で，尾が長いので，他の系統と見た目で区別できる．

2.2.5 Wild India Kolkata（WIK）系統

インドのコルカタで捕獲された野生種に由来するクロースドコロニーである．*TU* 系統に対して多くの多型をもつため，遺伝地図作成のためのリファレンスとして使われた（Rauch et al., 1997）．シングルペアで交配していくつかのサブ系統を作製し，その中から次世代の胚性致死個体が 10% 以下であったサブ系統 *WIK11* をもとにランダムに交配して維持されている．一塩基多型の解析から，この系統の遺伝子座の 14.1% はヘテロであることが報告されている（Guryev et al., 2006）.

2.2.6 *SJD* 系統

インド・ダージリンの野生種に由来する *DAR* 系統から，半数体の加圧による二倍体化と兄妹交配を組み合わせて系統化している．2 世代の兄妹交配のあと，2 回の半数体の二倍体化を行って，80% 以上の遺伝子座をホモ化している（Johnson et al., 1995）．さらにその後の 7 世代の兄妹交配を行い，93～95% がホモ化されたとしている．一塩基多型の解析から，実際にこの系統の遺伝子座の 7% はヘテロであることが報告されており（Guryev et al., 2006），近交系とよべるまでには遺伝的に均質になっていない．系統名は作製者のジョンソン（Stephen L. Johnson）に由来する．

2.2.7 *RIKEN WT*（*RW*）系統

理化学研究所で樹立された野生型系統で，*RIKEN WT*（*RW*）と命名された．米国ミシガン大学のクワダ（John Y. Kuwada）が購入して維持していたゼブラフィッシュを岡本仁が日本に持ち帰り，以下の方法で交配，維持している．7～9 か月齢の成魚 7 ペアを 1 つの集団とする多対多の交配を 10 集団行う．各集団から得られた胚を 5 日齢まで観察し，奇形の見られる胚を生んだ成魚の集団は次世代への交配には使用せず，奇形のない胚のみを生む集団から次世代個体を育てる．成魚の時点でも形態や行動を目視で観察して異常がある個体を除き，見た目に問題のない魚を交配に使用する．これにより，遺伝的多様性を維持しつつ，致死遺伝子を排除している．変異体のマッピングでは遺伝的に遠い系統と交配するが，*WIK* との交配が望ましい．日本のゼブラフィッシュのストックセンターである NBRP ゼブラフィッシュへの分与依頼が最も多い系統である。

2.3 近交系

2.3.1 近交系の必要性

近交系とは，兄妹・姉弟どうしの近親交配を 20 世代以上継続して得られた動植物の系統のことである．兄妹交配を 20 世代以上繰り返しているために，98% 以上の遺伝子座がホモ化され，約 1.3% の遺伝子座においてヘテロ性が残ることになる．しかし実際には，F0 世代で，すでにホモとなっている遺伝子座も多くあるため，ヘテロ性はさらに小さくなる．一般に 20 世代を超えた近交系は遺伝的にはほぼ同一の個体であるとみなすことができる．しかしながら，近交系化することで近交弱勢とよばれる，体の大きさや耐性，多産性，寿命などが低下する現象が起こりうる．これはホモ接合の遺伝子座が増加することによる，潜性有害遺伝子の蓄積や雑種強勢に関わる遺伝子の喪失が原因とされる．したがって，近交系統を作製する場合は，継代過程で近交弱勢をもたらす親世代を注意深く排除することが肝要となる．近交系ですべての遺伝子座がホモ接合になっているものは純系ともいう．

2.3.2 *IM* 系統

マウスやラット，メダカでは近交系が樹立されており，遺伝的に均質化された動物が実験に使われる．遺伝的な個体差を排除できるので，再現よく精度の高い解析結果が得られる．しかし，ゼブラフィッシュでは近交系は樹立されていなかったため，筆者らはその必要性を考え，兄妹交配による近交系作製を進めてきた．

TU と，インドの野生種に由来する *India* の 2 つのクローズドコロニー系統に対して，それぞれ兄妹交配を進めた．多産性の低下は，比較的早い段階で問題となったが，卵を生み始める若い個体から必要な仔魚が得られることがわかり，この問題は回避できた．それでも *TU* 系統では 12 世代目に，頭が小さく，顎形成と循環系が不全となる致死表現型が現れた．この致死表現型はどうしても回避することができず，*TU* 由来の兄妹交配系統は 13 世代で途絶えてしまった．一方の *India*

系統でも16，20，23世代目に同様の致死表現型が頻出したが，このときは，サブ系統を維持しており，致死表現型を出さないサブ系統を選別して継代することで20世代の兄妹交配を達成した．これにより，ゼブラフィッシュで初めてとなる近交系統（*IM*系統）が樹立された（Shinya and Sakai, 2011）．この系統は37世代目のゲノムシーケンスで99％ホモ化できていることが確認されている（新屋ら，未発表）．現在，*IM*系統は国立遺伝学研究所と慶應義塾大学で独立に維持されており，国立遺伝学研究所の系統は40世代に達している．

以上の取り組みから，ゼブラフィッシュでも近交系を樹立できることがわかった．しかし，*IM*系統は多産ではなく，胚も卵膜が弱いため24時間齢までは取り扱いに注意が必要である．普通のゼブラフィッシュの寿命が3年であるのに比べて，*IM*の寿命は1年以下と短命である．現在，この経験をもとに，別の野生型系統からも近交系統の樹立を進めており，近い将来，丈夫で使いやすいゼブラフィッシュ近交系を樹立できるものと期待している．

2.4 研究室における系統維持

2.4.1 性比の問題

マウスやメダカは性染色体で性が決定されるので次世代の性比は等しいが，ゼブラフィッシュの性決定機構はいまだ解明されておらず，次世代集団の性比がどちらかに偏ることがある．このため，系統を継代する場合には，十分な数の次世代個体を生育して，そこから必要な数のメスとオスを選別することになる．ゼブラフィッシュ研究者の経験則として，低密度で（水槽中の個体数を少なくして）給餌を多めに行った場合にはメスが出やすく，その逆はオスが出やすいという傾向がある．そこで一腹分の受精卵を低密度条件と高密度条件に分けて生育させると，ある程度雌雄差の問題を回避できる．また，オスが出やすい，メスが出やすいといった傾向は系統によって異なるので（Liew et al., 2012），これを系統ごとに記録しておくと，それ以降の生育条件を決めやすい．

2.4.2 野生型系統の維持

野生型系統の維持では，集団内の交配を維持し，その遺伝的バックグラウンドを変えないことが必要である．さらに，近交弱勢を引き起こさないために，ある一定数以上の親集団から次世代を作出して維持していく必要がある．近交弱勢が起こり，継代が困難になったら，ZIRCやNBRPといったストックセンターから購入する，あるいは信頼できる研究者に分与してもらうのがいい．

2.4.3 近交系の維持

近交系の維持には兄妹交配が必要なため，野生型系統維持よりも手間がかかる．必要な数のオス・メスを得るために，野生型系統と同様の注意が必要であるとともに，確実に産卵・放精する個体を選ぶ必要もある．親集団の中から，オスでは婚姻色が出て黄橙色・黄褐色を帯びているもの（ゼブラフィッシュストライプの白地部分をメスと比較するとわかりやすい），メスでは腹鰭に近い腹部がふくれて上から見たときに頭から腹鰭にかけてひょうたん型に見えるものを選ぶ．交配で得られた胚は，5日齢までは特に注意深く観察し，正常に発生して浮き袋が形成されることを確認する．また，別のペアに由来する2つ以上のサブ系統を並行して維持し，何らかの発生異常が出たときのバックアップ系統とすることも必要である．

マウス，ラットの近交系開発が始まって100年を超える．一方，ゼブラフィッシュの系統開発はまだ40年程度であり，近交系をはじめとする有用な系統を開発する余地は十分に残されている．新たな系統が開発されることで，ゼブラフィッシュがさらに使いやすく，より洗練されたモデル生物として発展することを期待している．

〔酒井則良〕

プロトコール 精子の凍結保存

ゼブラフィッシュでは精子の凍結保存が可能なため，変異体やトランスジェニックなどの系統を凍結精子として保存できる．野生型系統についても，複数個体の精子を凍結保存してその系統の遺伝的組成をバックアップすることが可能である．また，国内ではナショナルバイオリソースプロジェクト（NBRP）がゼブラフィッシュ系統を収集・保存する事業を行っており，NBRP に寄託して精子凍結してもらうことも可能である．精子の凍結保存法を以下に示す．

用意するもの：50 mL チューブを固定したステンレスチューブ立て，そのチューブ立てを入れることができる蓋つき発泡スチロール箱，15 mL チューブ，2 mL クライオチューブ，ガラス管（EM マイスターミニキャップス 20 μL），1.5 mL チューブとホモジナイザーペッスル，6 cm ガラスシャーレ，ピンセット，牛胎仔血清（FBS），ジメチルホルムアミド（DMF），魚麻酔薬，E3 メディウム

魚麻酔薬

ストック溶液

トリカイン（3-アミノ安息香酸エチルメタンスルホン酸塩）400 mg を蒸留水 97.9 mL に溶解し，1 M Tris バッファー（pH 9）（～2.1 mL）で pH 7 に調整．冷凍保存．

100 mL の飼育水にストック溶液 4.2 mL を加えて使用．

あるいは

ストック溶液

p-アミノ安息香酸エチルをエタノール（99.5）に 10%（W/V）で溶解．室温保存．

100 mL の飼育水にストック溶液 100 μL を加えて使用．

E3 メディウム

塩化ナトリウム　292.2 mg（5 mM）
塩化カリウム　12.7 mg（0.17 mM）
塩化カルシウム二水和物　48.6 mg（0.33 mM）
硫酸マグネシウム七水和物 81.3 mg（0.33 mM）
蒸留水で 1 L にする

---

①室温を 20℃以下にする．発泡スチロールにチューブ立てを入れて，50 mL チューブの目盛 45 mL くらいまで発泡スチロールに液体窒素を入れる．このとき 50 mL チューブに液体窒素が入らないように注意する．蓋をして 20 分以上放置し，50 mL チューブを十分に冷やす．

②凍結保存にした 450 μL の FBS を解凍し，すぐに氷冷する．44.5 μL の DMF をゆっくり加えて攪拌する．106 μL に分注して氷冷する．FBS はロットによって差が出るため，ロットチェックしたものを分注して凍結保存しておく．

③発泡スチロールに，50 mL チューブの目盛 45 mL くらいまで液体窒素を追加する．

④オスを麻酔して体表の水分を拭いたのち，肛門から胸までを開腹して，1 対の精巣をピンセットで取り出す．このとき，ピンセットの水分は拭いておく．精巣を 106 μL の 9% DMF FBS に入れて，ホモジナイザーペッスルで優しく破砕する．

⑤精子懸濁液を 10 μL ずつガラス管に入れて，懸濁液注入側が上になるように 2 mL クライオチューブに入れて横にしておく．クライオチューブを横向きに 15 mL チューブに入れ，それを 50 mL チューブに立てる．凍結する前に精子懸濁液がガラス管から流れ出てしまわないよう，一連の操作を注意して行う．発泡スチロールの蓋をして，その上に 3.5 kg 程度の水入りペットボトルを置き，液体窒素冷気の漏れを防ぐ．

⑥次のサンプルを凍結する場合は 11 分置く．終了する場合は 20 分置いて，液体窒素容器もしくはフリーザー（−150℃）で保存．

⑦凍結から 1 週間後に人工授精を行い，受精率を確認する．

プロトコール 人工授精

①人工授精の前日夕方に，背側から見て頭から腹鰭にかけてひょうたん型に見えるメスを，卵をたくさん抱えている個体として単離しておく．
②朝の点灯時から2時間以内に採卵を行う．メスを麻酔し，体表の水分を除いたあと，6 cm ガラスシャーレに寝かせて，飼育水で濡らした指の腹で優しく腹部を押して卵を絞り出す．卵が体表上に出てしまった場合は，濡れていないピンセットでシャーレ上に集めるとよい．メスの背鰭をピンセットでつまみ，シャーレから水槽に戻す．
③凍結保存したガラス管1本を取り出して精子懸濁液のない側をもち，融解後，精子懸濁液をピペットマンで吸い取り，精子懸濁液が卵全体に行きわたるように卵にかける．800 μL の E3 メディウムを加えてシャーレをゆすって混ぜる．2分後に E3 メディウムを十分量ゆっくりと加える．浮いている卵はスポイトで E3 メディウムを滴下したり，ピンセットでつついたりして沈ませる．
④受精していれば 28℃ で 45 分後には卵割を始める．受精 3〜6 時間の胞胚期から原腸期で受精卵をカウントして受精率を計算する．

»» 引用文献

Crawley, J. N. et al., Behavioral phenotypes of inbred mouse strains: implications and recommendations for molecular studies, *Psychophamacology (Berl)*, **132** (2), 107-24 (1997).

Guryev, V. et al., Genetic variation in the zebrafish, *Genome Res.*, **16** (4), 491-7 (2006).

Howe, K. et al., The zebrafish reference genome sequence and its relationship to the human genome, *Nature*, **496** (7446), 498-503 (2013).

Johnson, S. L. et al., Half-tetrad analysis in zebrafish: mapping the ros mutation and the centromere of linkage group I, *Genetics*, **139** (4), 1727-35 (1995).

Liew, W. C. et al., Polygenic sex determination system in zebrafish, *PLoS One*, **7** (4), e34397 (2012).

Rauch, G.-J. et al., A polymorphic zebrafish line for genetic mapping using SSLPs on high-percentage agarose gels, TIGS-Technical Tips Online, **2**, 148-50 (1997).

Shinya, M. and N. Sakai, Generation of highly homogeneous strains of zebrafish through full sib-pair mating, *G3* (Bethesda)., **1** (5), 377-86 (2011).

Trevarrow, B. and B. Robison, Genetic backgrounds, standard lines, and husbandry of zebrafish, *Methods Cell Biol.*, **77**, 599-616 (2004).

第3章 飼育

3.1 飼育にあたって

ゼブラフィッシュの原産国であるインドなど南アジアの気候は，熱帯・亜熱帯であり，ゼブラフィッシュは熱帯魚である．ゼブラフィッシュを実験室で通年繁殖させるためには，28℃前後の水温が好ましい．体長4～5 cmの熱帯魚を飼育する際に必要となる物品を思い浮かべてもらいたい．水槽，濾過器，ヒーター，餌などが想像に難くない．趣味としての熱帯魚飼育の経験があれば，pHや電気伝導率などの水質検査のキットや機器もあがるだろう．自宅で熱帯魚を十数匹飼育するのであれば，これらの機材はペットショップやホームセンターで揃えることができる．だが，実験動物としてのゼブラフィッシュの飼育では，数百～数千匹を均一な条件で飼育し，通年繁殖させて維持・継代することが必要になる．そのためには趣味レベルを超えた機材・方法が要求される．本章では，実験動物としてのゼブラフィッシュの飼育を開始する際の飼育システムの選択，立ち上げ，水質管理，餌，病気対処について紹介する．

3.2 飼育システムの選択

3.2.1 実験動物の飼育に求められること

趣味における熱帯魚の飼育なら，その目的は観賞であり，魚を健康な状態で維持することが重要だろう．ビジネスとして熱帯魚を売ることが目的なら，効率的に繁殖させるブリーディングに重きが置かれる．では，実験動物として熱帯魚を飼育するには，何が重要だろうか．動物を用いた実験は観察が基盤となるため，魚の形態や健康状態を常に見ることができる体制が必要で，それには趣味の観賞魚飼育に似た側面がある．一方で，実験を安定して継続させるには，十分な飼育数の維持と繁殖による世代交代が必要であり，これはブリーダー的な側面といえる．両者の，いわば手間のかかる部分をあわせもったものが，実験動物の飼育だと筆者は考えている．

3.2.2 基本的なシステムの構成

魚を大量に飼育する場合，大きな水槽を準備すればよいと考える人もいるだろう．実際，キンギョや食用の養殖魚は大きな壺や池，生け簀などで飼育されている．しかし，実験動物の場合は実験目的や遺伝情報の異なる複数の系統を区別して同時並行で維持する必要がある．特にゼブラフィッシュの場合，野生型系統だけでなく，変異体やトランスジェニックなど多数の系統を維持・繁殖することが要求される[1)]．これらの系統は見た目ではまったく区別できないので，大きな水槽で混泳させることはできず，小さな水槽をたくさん用意して飼育することになる．

研究室におけるゼブラフィッシュ飼育では，水質管理を一元化した飼育システムの中に多数の水槽を設置する方式が主流である（図3.1）．筆者が使用しているシステムでは，1ラックあたり2Lタンクを50個（10個×5段）設置できる．各段の上部には給水チューブが設置されており，常に水槽に飼育水（システム水）が注がれる．各水槽の後部には排水口があり，水位は一定に保たれる（図3.2）．オーバーフロー水は各段に設置された排水溝から，ラック最下段の濾過槽へと流れる．濾過槽では複数のフィルター（ウールマットや活性炭など）によりゴミが除去される．フィ

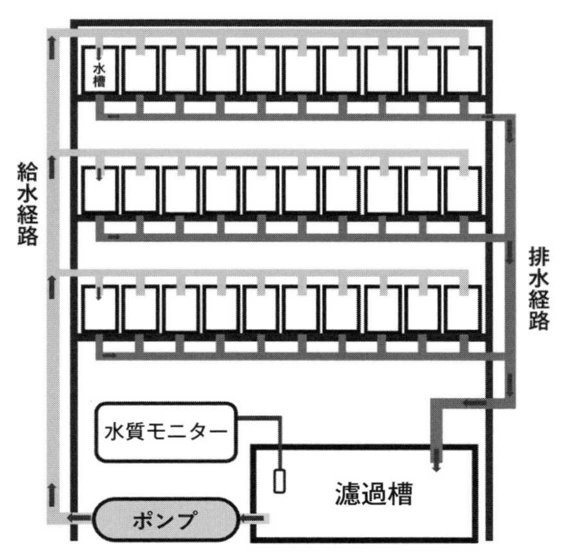

図3.1 標準的な小型魚類集合飼育システム
濾過槽→給水→水槽→排水の順で循環し，常に浄化された飼育水が生体に供給される．

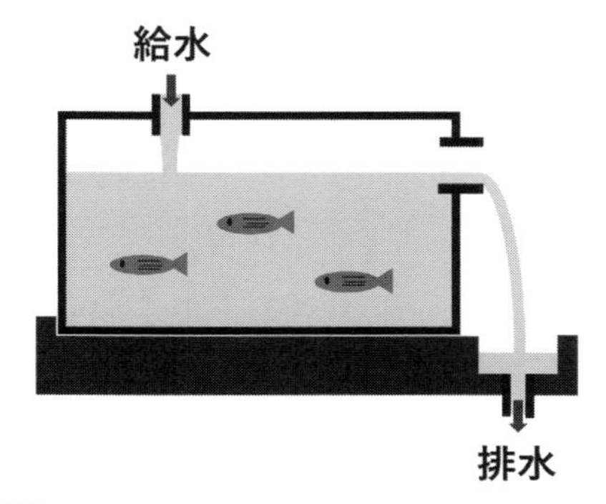

図3.2 オーバーフロー水槽
水槽上部のバルブから常に飼育水が流入している．水位が一定以上に上がると排水口から飼育水が排出され，濾過槽へと送られる．

ルターには有機物を分解してくれるバクテリアが無数に生着しており，アンモニアや亜硝酸塩といった有害物質の分解にもはたらく．濾過槽から魚類水槽の水路にはUVランプによる殺菌工程が含まれ，病原菌や雑菌の繁殖を抑制する．ゼブラフィッシュの飼育密度は，1Lあたり成魚5～10匹程度がひとつの目安となる．上述した筆者のシステムでは，1ラックあたり1,000匹（10匹/L×2L×10個×5段）の飼育が可能となる．

3.2.3 既製品の飼育システム

後述するDIY（Do It Yourself）による飼育システムの自作も可能だが，素人では水漏れなどのトラブルのリスクもあり，水質管理の点からも既製品の飼育システムの購入が推奨される．既製品のメリットはシステムとしての完成度の高さとトラブル時の迅速なサポートに尽きる．日本国内だけでも研究用の飼育システムを扱っている企業は

表3.1 日本国内における小型魚類集合飼育システムの取り扱い元

メーカー名	所在地	参考URL
(株)ニューロサイエンス	(本社)東京都文京区 (支店)大阪	http://www.neuro-s.co.jp/product/1-46.html
Aquaneering社 (国内代理店：日京テクノス(株))	(本社)東京都文京区 (支店)つくば，埼玉，横浜，福島	http://www.nikkyo-tec.co.jp/nr/product/index.php?id=191
(株)イワキ	(本社)東京都千代田区 (支店)大阪，名古屋，九州，仙台，静岡	https://www.iwakipumps.jp/products/system/devices/labreed/
テクニプラスト・ジャパン(株)	東京都港区	http://www.tecniplastjapan.co.jp/products/index/7
アクア(株)	東京都品川区	http://aquaco.sakura.ne.jp/
(株)名東水園	愛知県長久手市	http://www.remix-net.co.jp/science/index.htm
日本サカス(株)	広島県広島市	http://www.sacas.co.jp/cms/results/log/2007/09/post_47.html
(有)アクアスポット	佐賀県三養基郡	https://aquaspot.jp/company.html

図3.3 標準的構成の飼育システム（京都大学ウイルス・再生医科学研究所にて撮影）
左：（株）イワキ製．天井の照明 ON/OFF 時間を部屋全体で制御することで明暗リズムをつくっている．水槽は外してある．右：（株）名東水園製．各段に暗幕がついているタイプ．段ごとに個別に照明 ON/OFF 時間を設定できる．

複数あり，その多くが国内全域に販路をもつ（表 3.1；図 3.3）．既製品のデメリットを強いてあげるとすれば高価なことであり，水槽 50 個を設置するのに 100 万～200 万円かかる．以下は DIY でも同じだが，設置場所の電気・水道・空調工事や，土地ごとの水質に応じた浄水装置など，個別の状況に合わせた追加投資が必要になる．関西の淀川水系は水質が悪く，水道水を逆浸透膜（RO 膜）で濾過した RO 水に塩と重曹（炭酸水素ナトリウム）を加えて飼育に使わなければならないが，東海圏の木曽川水系の水は良質で，水道水をカルキ抜きしただけの水で十分に飼育できる．水質の知見は経験則に基づくものが多く，河川域を確認のうえ，各地域でゼブラフィッシュやメダカを飼育している複数の研究者に尋ねるのがよい．

3.2.4 飼育システムの DIY

DIY で飼育システムを自作する研究者も少なくない．ここでは作製方法をウェブで公開している京都産業大学の黒坂らの飼育システムを紹介する[2, 3]．飼育システムはラック，濾過槽（リザーバー），ポンプ，給排水管，水槽，照明からなり，これらはすべてホームセンターで購入できる．材料リストの詳細はウェブを参照されたいが，1.5 L の水槽を 18 個設置できる飼育システムを約 10 万円で作製できる．全体のサイズは幅 1,000 × 奥行 500 × 高さ 1,600（mm）で，重量は 30 kg（満水時約 100 kg）となる．設置箇所に要求される広さや耐荷重は，大きめの書棚と同等である．作成に必要な作業時間は成人男性 6 名で 6 時間なので，日曜大工で十分に対応可能といえる．一般に DIY は補修を重ねて完成度を高めていくものであり，素人の自作ならなおさら，水漏れなどのトラブルは起こるものと考えなくてはならない．また，水質管理のシステムも自分で構築する必要がある．

3.3 飼育システムの立ち上げ

3.3.1 ゼブラフィッシュ飼育室

ゼブラフィッシュ飼育では，規模にもよるが100 L以上の水量を含むシステムを設置する．よって地震や漏水などの事故を想定したうえで設置場所を選定する．基本的には「給水」「排水」「防水」への対応が必要となる．給水は文字どおり，システムへ水を供給する水道を意味する．排水はシステムからの通常排水に加え，漏水時に部屋の床から排水溝へと至る水路の確保を含む．防水は，廊下や階下などへの溢水・漏水の防止策となる．水に弱い電子機器を床面に置いて使用することは絶対に避ける．

部屋全体を飼育室とする場合，空調で室温を25℃前後に維持し，天井の照明ON/OFFをタイマーで自動管理することが可能となる．特に部屋の温度と湿度は，水温や飼育水の蒸発量に影響するため，一定に管理されることが望ましい．実験室の一角でゼブラフィッシュを飼育し，他のスペースを他用途に使う場合，飼育システムに暗幕を張るなどして，システム内部だけで明暗をコントロールしなければいけない．暗幕を張った仕様のシステムも既製品として（株）名東水園から販売されている（図3.3）．飼育水は常に蒸発し，部屋全体の湿度を高め，結露やカビの原因にもなるので，強力な除湿機を置き，24時間運転するのが望ましい．飼育室の要件としては，動物愛護やトランスジェニックを飼育する際の組換え体拡散防止の観点からの要項もあり，部屋の中に流しを設置することなども要求される（第17章参照）．

3.3.2 明暗サイクル

野生のゼブラフィッシュは朝，交尾して産卵する．実験室でゼブラフィッシュを交配して受精卵を得るには，昼と夜のリズム（明暗周期）をコントロールする必要があり，14時間の明期と10時間の暗期の繰り返しで飼育する．たとえば朝9時から夜11時までが明期になるように照明をタイマーで自動制御した飼育室でゼブラフィッシュを交配すると，朝9時から11時までの間に受精卵が得られる（第4章参照）．明暗周期は実際の昼夜に対応させる必要はないため，照明の点灯時間を調整することで，夕方や深夜に産卵させることも可能となる．明暗周期を変更するとゼブラフィッシュの体内時計が狂い，1週間程度は産卵しなくなる．急にゼブラフィッシュが産卵しなくなったら，明暗周期の設定を確認すべきである．

3.3.3 濾過用バクテリア

新しい飼育システムを立ち上げる際には水道水を通水して水の循環を始める．2日経って水道水のカルキが完全に抜けたら，濾過槽にバクテリアを投入する．バクテリアを増やして定着させるためにはバクテリアの餌となるアンモニア，亜硝酸塩などの有機物が必要なので，希少性の低い成魚をテストフィッシュとして10〜20匹飼育する．飼育水に含まれるアンモニアと亜硝酸の濃度を検査試薬で毎日チェックすると，アンモニア，亜硝酸の順に一過的に増加したあとに両者とも下がる．これはバクテリアが定着して，安定的にアンモニアと亜硝酸を分解していることを示唆する．テストフィッシュの健康状態をチェックしつつ，研究用のゼブラフィッシュを導入してよいが，飼育数はゆっくり増やすことを推奨する．バクテリアの定着を早める方法として，すでに立ち上がっている信頼できる飼育システムから濾過材の一部をもらうやり方も有効である．ただし，病気や寄生虫を持ち込む可能性も否定できないため，あくまで信頼できる相手からの導入に限る．

3.4 水質管理

3.4.1 水　温

ゼブラフィッシュは水温20～30℃で飼育できるが，交配でコンスタントに受精卵を得るためには水温28℃前後をキープしたい．飼育システムの濾過槽にヒーターとサーモスタットを設置しておき，水温が低下したときに加熱するのが一般的である．既製品システムの場合，ヒーターとサーモスタットは標準で付属しており，自動で水温を維持してくれるが，いずれも2～3年で劣化する消耗品なので，水温確認は毎日行いたい．冬場は水温が下がりやすいので，特に注意が必要である．サーモスタットのセンサー部分に汚れや異物が付着しないように，定期的にチェックすることも欠かせない．

3.4.2 pH

ゼブラフィッシュは中性付近の水質を好む．飼育水のpHは飼育数や老廃物の蓄積で変化しうる．既製品システムで，pHを常時モニターするものもあるが，pH試験紙やpHメーターを用いて定期的にチェックをするべきである．数値としてはpH 7～8をキープできていればよい．ゼブラフィッシュの飼育で起こるpH変化としては，老廃物の蓄積による水の酸性化が多く，重曹を加えてpHを上昇させる．投与量はシステム全体の水量に依存するが，薬匙半分量を目安に開始するとよい．頻繁にpHの低下が見られる場合，濾過層の掃除やフィルターの交換を行う．

3.4.3 アンモニア，亜硝酸塩，硝酸塩

排泄物や餌の食べ残しからは有害なアンモニアが発生するが，濾過槽のバクテリアによりアンモニア→亜硝酸塩→硝酸塩と分解される（図3.4）．生体毒性はアンモニア＞亜硝酸塩＞硝酸塩の順に低下する．バクテリアは一度定着するとゼブラフィッシュの飼育数が増減しても安定して維持されるが，過剰な給餌をするなど，システム中の老廃物が急激に増加すると水質が悪化することもあるため，アンモニアと亜硝酸塩は定期的にチェックしたい．アンモニア濃度を測定する簡易キットとして，sera NH_4/NH_3 テスト（(株) セラジャパン）が入手可能である．亜硝酸塩についてもsera NO_2 テスト（(株) セラジャパン）や，テトラ テスト 亜硝酸試薬（スペクトラム ブランズ ジャパン（株））などの簡易キットが入手可能である．週に1回程度これらの値をチェックし，基準よりも高い場合は換水量と頻度を多めにしつつ，濾過用バクテリアの投入を検討する．もちろん水質悪化の原因である給餌の見直しも必要である．

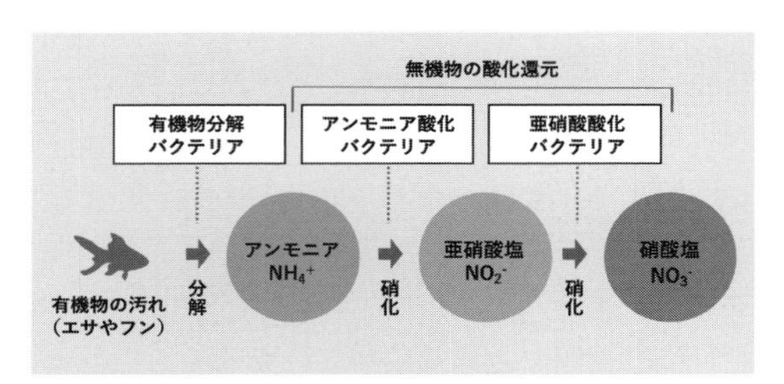

図3.4 バクテリアによる老廃物の分解経路

（ジェックス(株) ウェブサイト[4] より引用・改変）

餌の食べ残しや糞から生じた有害なアンモニアがバクテリアによって段階的に無毒化される．

3.4.4 電気伝導率

ゼブラフィッシュはまったくの淡水でも飼育できるが，飼育水としては微量の塩（NaCl 0.03%，海水の1%程度）を含むものがよいとされる．低濃度の塩を計測するのは難しいので，代わりに電気伝導率を測定するのが一般的である．電気伝導率は物質中の電気の流れやすさを表す値であり，単位にはS/mが用いられる．S（ジーメンス）は電気抵抗の単位Ω（オーム）の逆数として定義される．ゼブラフィッシュの飼育では300～700 μS/cmで調整するとよい．電気伝導率は急激な変動がない限り，生体のコンディションにただちに影響することはない．

3.4.5 溶存酸素

魚は鰓呼吸で水中の酸素を摂取する．システム水の溶存酸素を保つには，エアーポンプで濾過槽に空気を送り込むのがよい．目の細かいエアストーンを使うと気泡が細かくなり，効果が高い．エアレーションは濾過用バクテリアによる老廃物の分解（酸化）を促進する効果もある．エアポンプの振動による騒音が考えられるので，エアポンプは静かなものを選びたい．

3.5 餌

3.5.1 粉末飼料・フレーク飼料

各社から魚用の粉末飼料・フレーク飼料が販売されており，これだけでゼブラフィッシュを飼育することもできる．原材料や栄養価の面でメーカー別に工夫が施してある（**表 3.2**）．市販のメダカやグッピーの餌でも構わない．**表 3.2** の粒度とは粒の直径のことであり，口の小さな仔魚には粒度の小さいものを，成魚には大きなものを与える．魚と餌のサイズの不一致は食べ残しを増やし，水を汚すことになる．給餌量は飼育における重要なポイントで，5 分で完食する量を 1 日 2〜3 回与えるとよい．筆者の場合，粉末飼料を朝夕 2 回，その合間の昼すぎに生き餌のブラインシュリンプを与えている．

3.5.2 ゾウリムシ

ゼブラフィッシュを速く育てるのに，粉末・フレーク飼料に加えて，生き餌を与えるとよい．生き餌を与えると泳ぎまわる餌を捕食することになるので，ゼブラフィッシュの運動増進にもなる．口の小さな仔魚期の生き餌としてはゾウリムシ（パラメシア）およびワムシがある．2 週齢以降の仔魚からはブラインシュリンプ（アルテミア）が有効である．

ゾウリムシは小型の動物プランクトンであり，摂食を始める 5 日齢から 2 週間齢の仔魚の飼料として使われる（**図 3.5 左**）．生きた状態で入手し，培地中で維持・増殖させる必要がある．すでに使用している研究者に分与を依頼する以外に，インターネット上の通信販売でも購入できるし，

表3.2 小型魚類飼料の種類と栄養価

商品名		粒度	対象	栄養価（%）					
				蛋白質	脂質	繊維	水分	灰分	リン
ひかりラボ（（株）名東水園／（株）キョーリン）	130	130 μm以下	仔魚	52.9	10.2	< 3.0	< 10	< 15	> 1.2
	270	130〜270 μm	稚魚	50.5	13.3	< 3.0	< 10	< 14	> 1.2
	450	270〜450 μm	成魚	49.3	13.7	< 3.0	< 10	< 14	> 1.2
ジェンマ・マイクロ ゼブラフィッシュ（スクレッティング（株））	75	75 μm	仔魚	59	14	0.2	—	14	1.3
	150	150 μm	稚魚						
	300	300 μm	成魚						
おとひめ B-1（日清丸紅飼料（株））		200〜360 μm	成魚	50	10	3	—	16	1.5
ひかりクレストグッピー（キョーリン（株））		—	成魚	> 50	> 8.0	< 2.0	< 10	< 18	> 1.0
テトラミンフレーク（スペクトラム ブランズジャパン（株））		—	成魚	> 47	> 10	< 3.0	< 6.0	< 11	—
ブラインシュリンプ	幼生	—	—	52.2 ± 8.8	18.9 ± 4.5	—	—	9.7 ± 4.6	—
	成体	—	—	56.4 ± 5.6	11.8 ± 5.0	—	—	17.4 ± 6.3	—

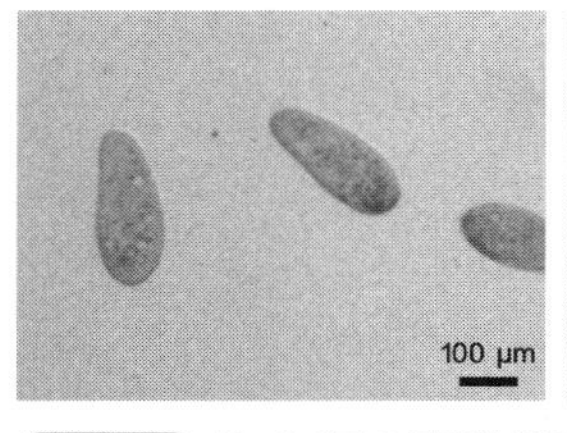

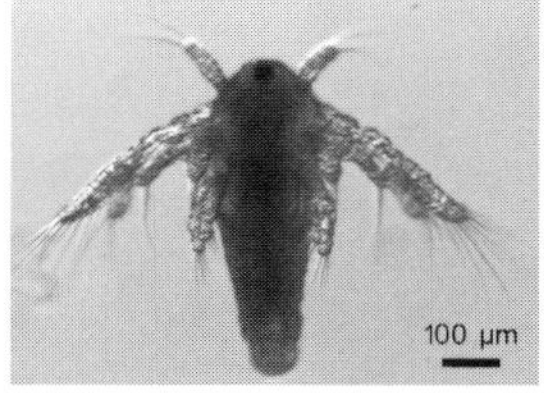

図3.5 生き餌の顕微鏡写真
左：ゾウリムシ．右：ブラインシュリンプ．

ビデオ：生き餌▶

ナショナルバイオリースプロジェクト（NBRP）ゾウリムシからもメダカ・ゼブラフィッシュ仔魚の餌として入手できる[5]．ゾウリムシは入手したものをそのまま使いきるのではなく，各自で培養・継代して餌として使用する．培養液としては，藁を入れた水をオートクレーブして使うのが一般的だったが，近年はエビオス錠（アサヒグループ食品（株））などの生菌を含む健康サプリを使うのが簡便とされる．

3.5.3 ワムシ

淡水性のツボワムシをインターネットで購入できる[6]．ゾウリムシと同様に仔魚期からの生き餌として用いられるが，自分で培養する必要がある．ワムシの餌となるクロレラも維持しなくてはならないし，エアレーションが必要，大容量（3 L 以上）での培養がよいとされるなど，ゾウリムシと比べて手がかかるので，必ずしも推奨できない．しかし，ワムシを餌に用いると成長が早く，50 日齢で交配し，次世代の胚を得ることができるという報告もあり（Aoyama et al., 2015），使用価値は高い．

3.5.4 ブラインシュリンプ

ブラインシュリンプは日本の水田に生息するホウネンエビに似た節足動物で，一般にアルテミアともよばれる．「シーモンキー」という商品名でペットとしても販売されている．ブラインシュリンプは乾燥状態の休眠卵を購入し，人工海水中で孵化させて生き餌として使う[7]．インターネット上の通信販売で購入できるが，産地やロットによる孵化率の良し悪しがあるので，孵化率を確認して購入したい．休眠卵を 2〜2.5% の食塩水中でエアレーションすると，24 時間で孵化する（図 3.5 右）．温度は 27℃ が最も効率よく，30℃ を超えると孵化率が下がる．ブラインシュリンプは孵化後も育てることはできるが，卵嚢の栄養分を消費して成長し，外殻も硬くなるので，ゼブラフィッシュの餌としては孵化後数時間以内の幼生が好ましい（表 3.2；Sorgeloos, 1987）．培養器のエアレーションを停止すると，孵化しなかった卵は底に沈み，孵化した卵の殻は水面に浮く．中層で遊泳する幼生を採取し，淡水で洗浄後にゼブラフィッシュに与える．キチン質を含む卵の殻は水質悪化や詰まりの原因にもなりうるので，可能な限り除去したい（図 3.6）．培養器としては下部から採水できる逆三角錐形のものが（株）名東

プロトコール ゾウリムシの培養

NBRP ゼブラフィッシュではゾウリムシの培養法をマニュアル化している[8]．概要を以下に示す．

① 1L の試薬瓶に水 900 mL と小豆 3 粒を入れ，オートクレーブで滅菌する．
②室温まで冷やしたあとに，エビオス錠を 1 粒入れて攪拌する．
③ゾウリムシの培養液を 100 mL 加え，アルミホイルを口にゆるくかぶせた状態で室温に放置する．
④ 3〜5 日でゾウリムシが増殖し，遊泳する個体を肉眼でも確認できる．
⑤ゾウリムシを含む培養液（上澄み）を別容器に移し取り，100 mL を継代に使い，残りを給餌に使用する．

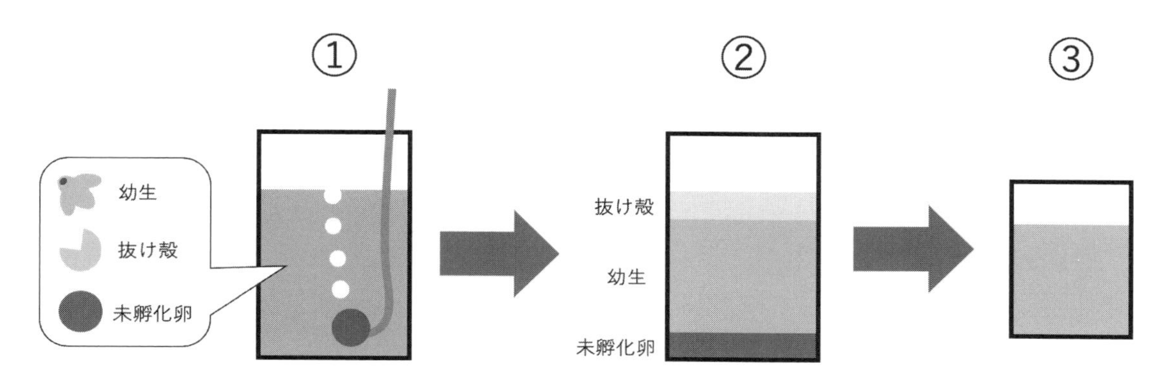

図3.6 ブラインシュリンプの孵化・収集方法

①食塩水の入ったボトルにブラインシュリンプの休眠卵を入れ，エアレーションしながら一晩培養する．
② 24 時間ほどで大部分の卵が孵化する．エアレーションを止めると，未孵化卵は底に沈み，孵化後の卵殻は上層に浮かぶ．中層は孵化した幼生が泳ぎオレンジ色となる．
③中層の幼生のみを別容器に移し，ネットで濾しながら淡水で洗浄する．洗浄後の幼生を水ごとスポイトなどで採取し，ゼブラフィッシュに与える．

水園から販売されており，未孵化卵を採集して廃棄したあとに幼生を回収できる．日本動物薬品（株）からも簡易のものが販売されている．最近は休眠卵の殻に磁力をもたせたSep-Art ブラインシュリンプエッグ（Ocean Nutrition 社）が発売されており，ネオジム磁石を使ってハッチしなかった殻，ハッチした空の殻を分離することもできる．

3.5.5 速く育てるための給餌

ゼブラフィッシュを速く育てるにはたくさん餌を食べさせるといい．しかし，一度の給餌量を増やしても，食べ残しが多くなり，水が汚くなるので逆効果である．速く育てるには給餌回数を増やすのがよい．どこの研究室でも給餌当番（fish duty）があり，担当者が決まった時間に給餌してくれるが，その後の夕方や照明が消えるまでの時間帯に間隔をあけて何度も粉末飼料やフレーク飼料を与えるとよい．他の餌としては乾燥した赤虫やミジンコ，殻なしブラインシュリンプエッグなどのおやつもあり，食いつきがよい．

3.6 病気対処

一般に観賞魚で水カビや寄生虫などによる病気が発生した場合，薬浴や寄生虫の物理的除去を行う．ゼブラフィッシュの飼育でも病気のリスクが存在する．系統作製のファウンダーや大事な系統の最後の1匹など，唯一無二の個体なら治療が必要だが，そうでない場合は病気の疑いのある個体はすべて処分するべきである．その後も発症が続く場合は，システム全体を消毒，洗浄したあとに完全乾燥させ，改めて立ち上げを行うことになる．

大事な成魚に病原体キャリアの疑いがある場合はすぐに隔離飼育して交配させ，受精卵をブリーチ（漂白）し，無菌的に育てた仔魚をシステムに戻す（第4章参照）[9]．システムを移動させた魚は水質変化というストレスにさらされ，病気を発症しやすい．松かさ病は鱗が逆立って全身がとげとげに見える病気で，ゼブラフィッシュがストレスを受けたり，飼育水の pH が低下したりして免疫力が低下すると発生する．運動性エロモナス菌という常在菌が増えることが直接の原因とされ，進行すると全身の内出血や衰弱につながるので，早期の発見による隔離や処分が求められる．

〔飯田敦夫〕

コラム SPFの概念

SPF（Specific Pathogen Free）とは，病原体が存在しないクリーンな環境レベルを示す言葉であり，特定の病原体（マイコプラズマ，トキソプラズマ，肝炎ウイルスなど）が検出されないことを指標とする．SPFはあらかじめ指定した病原体が存在しないことを保証する一方で，腸内細菌や皮膚表在菌など実験の障害とならないとされる微生物については確認しない．すべての微生物を排除した「無菌」とは別のグレードであることは留意しておきたい．

ゼブラフィッシュには従前，微生物モニタリングがなかったため，SPFという概念はないが，外部から魚や水をもち込まない隔離状況で維持するシステムのことをquarantine（隔離）という．しかし，国内外の多くのシステムはnon-quarantineである．

ゼブラフィッシュの用途が疾患モデルや化合物スクリーニングにまで広がった現在，かすかな生理的変化や遺伝子発現変動を検出する実験系も増えており，病原体や寄生虫による健康状態の変化が，実験データや解釈に影響を与える可能性も否定できない．日本チャールズ・リバー（株）はゼブラフィッシュやメダカなどの小型魚類の微生物モニタリング事業を始めており，PCRで17項目のウイルスや細菌を検出できる[10)]．現在，ゼブラフィッシュを用いた基礎研究でquarantineレベルを要求されることはないが，今後，医薬分野でゼブラフィッシュの需要が高まると，SPF環境への需要も高まるかもしれない．

≫≫ 引用文献

Aoyama, Y. et al., A novel method for rearing zebrafish by using freshwater rotifers（*Brachionus calyciflorus*），*Zebrafish,* **12**(4), 288-95(2015).

Sorgeloos, P., *Artemia Research and Its Applications: Proceedings of the Second International Symposium on the Brine Shrimp Artemia, Organised Under the Patronage of His Majesty the King of Belgium*, Universa Press(1987).

≫≫ 参考URL

1）ナショナルバイオリソースプロジェクト ゼブラフィッシュ
https://shigen.nig.ac.jp/zebra/

2）京都産業大学神経糖鎖生物学研究室
https://www.cc.kyoto-su.ac.jp/~kurosaka/diy.php

3）ナショナルバイオリソースプロジェクト メダカ
https://shigen.nig.ac.jp/medaka/strain/fishRack/main.jsp

4）ジェックス(株)
https://www.gex-fp.co.jp/development/lab/research/bacteria.html

5）ナショナルバイオリソースプロジェクト ゾウリムシ
http://nbrpcms.nig.ac.jp/paramecium/

6）わむし屋
http://www8.plala.or.jp/wamushiya/

7）東海グッピーのブラインシュリンプ・ヘルプ
http://www.suninet.or.jp/~tokai/newpage8.htm

8）ナショナルバイオリソースプロジェクト ゼブラフィッシュ 濃縮パラメシアの調製マニュアル
https://shigen.nig.ac.jp/zebra/documents/ParameciumNBRP_000.pdf

9）The Zebrafish Information Network
https://zfin.org/zf_info/zfbook/chapt1/1.5.html

10）日本チャールズ・リバー（株）
https://www.crj.co.jp/service/monitoringservice/HM04

第4章 交配と採卵

4.1 成魚と胚の状態管理の重要性

交配と採卵はゼブラフィッシュを用いた研究で最も基本となる作業のひとつといえる．ゼブラフィッシュ成魚を健康な状態で維持し，産卵能を高めておくこと，そして得られた受精卵（胚）を状態よく飼育することは，実験を計画どおりに遂行するうえで特に重要なことである．

4.2 オスとメスの見分け方

4.2.1 性成熟

ゼブラフィッシュの生殖腺はすべての個体で卵巣原基として形成されるが，オスになる個体では3〜4週齢に卵細胞の細胞死とともに精巣の発達が始まる（Uchida et al., 2002）．その後，十分に給餌が施された場合，オス・メスともに90日齢（早いものでは60日齢）で性成熟する．以下に，非侵襲で簡易的に，つまり見た目で成熟個体の性別を判定する基準を述べる．

4.2.2 体の輪郭の違い

メダカは，背鰭・尻鰭の形状で明確に性別を識別できるが，ゼブラフィッシュは鰭の形状でオス・メスを見分けることはできない．ゼブラフィッシュの外見で最も顕著に性差が出るものは体の輪郭である．体を側面から見た場合，メスは成熟卵を多数もつため腹側の輪郭が丸みを帯びるように湾曲し，体高も高い．対して，オスは背側と腹側の輪郭が比較的平行で直線的である（体高が高くならない）．個体によっては腹側でふくらみがあるものもあるが，丸みを帯びる部位は腹部よりも胸部であることが多い．この外部形態の違いは，交配に使うゼブラフィッシュを選別するうえで最も信頼できる特徴といえる（図4.1）．

注意が必要な点として，比較的加齢が進んだメスや非常に若いメスでは，産卵後の体型がオスに似ている場合がある．産卵後にオスとメスを分離したいが，メス特有の腹部の丸みが消失して外部形態からはオス・メスの区別がつかない場合には，以下に述べる2点も含め判断する．

4.2.3 体色の違い

成熟したオスはメスよりも体色が濃く，特に腹底部や鰭が濃い黄色である．また，個体差もあるが，オスがメスを追尾する求愛行動の際に，オスの腹底部が「黄橙色・黄褐色」に呈色することもある．この変化は，メスの周囲で活発に動き，産卵のための求愛行動の盛んなオスで特に顕著に観察される（図4.1）．

4.2.4 求愛行動の有無

成熟したオスに特徴的な行動として，メスを追

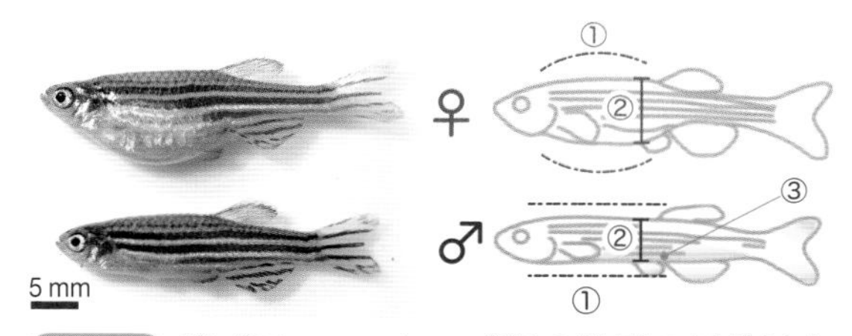

図4.1 ゼブラフィッシュ成魚の性別の見分け方
5か月齢の成熟個体の側面写真と形態的特徴．成熟したメスは腹部がふくらみ（腹側の輪郭が丸みを帯びるような形状，①），オスより体高が高い（②）．成熟したオスは，背側と腹側の輪郭が比較的平行かつ直線的で（①），体高がメスほど高くない（②）．また成熟したオスはメスよりも色が濃く腹底部や鰭の先端が「黄橙色・黄褐色」に呈色する傾向がある（③）．

尾する求愛行動があげられ，メスを追尾する行動はオスを見分ける指標の1つとなる．ただし，長時間求愛行動に供したあとのオス個体でメスを追尾しない場合や，明らかにメスの外見であるのに他のメスを追尾するもの，明らかにオスの外見であるのに他のオスを追尾するものなどもあるので注意が必要である．

4.3 交配の方法

4.3.1 放卵と受精

成熟したメスのゼブラフィッシュの卵巣では，3〜5日の周期で最終成熟可能な卵が形成される．これらはしかるべき刺激で成熟卵に分化し，卵胞細胞から外れて体腔内に排卵される（Selman et al., 1993；Kwok et al., 2005；So et al., 2005；会田・金子 編，2013）．排卵された成熟卵は，室内灯点灯後にオスと交配させることで体外に放出（放卵）される．メスの放卵とオスの放精が同期すると受精が成立する．実験室で効率的よく産卵させるには，親魚の密度を低くしすぎない状態で交配させることも重要で，親魚の数に合わせて適切なサイズの交配用水槽を選ぶ必要がある．

4.3.2 交配用水槽とそのセッティング

ゼブラフィッシュの産卵は概日リズムに依存しており，朝の室内灯の点灯直後に最も活発に求愛行動が行われ，早ければ点灯から10分以内に，遅くても2時間以内に産卵する．そのため，明期・暗期が固定された長日照明条件（一般的には明期14時間＋暗期10時間）で親魚を飼育する必要がある．

実験室レベルで効率的に産卵を促すためには，性成熟したオスとメスを採卵前日に交配用水槽（breeding tank）に入れ，たがいに認識させておくとよい（図4.2A）．なお，産卵前日にはアクリル板などの間仕切り（divider）でオスとメスのスペースを仕切り，たがいの姿や匂いを認識できるが，接触できないようにしておくと，オスとメスの相性が悪い場合でも朝までに傷つけあわないのでよい．採卵当日の明期の開始とともに，間仕切りを除くと，求愛行動が可能なので，効果的に産卵行動を誘導できる．

ゼブラフィッシュ卵は沈降性であり，放卵されると水底に沈む（図4.2B）．ゼブラフィッシュは自分たちの受精卵を食べる卵食の性質があるので，受精直後に受精卵を親魚から隔離しなければならない．そのため，多くの市販の交配用水槽は，底面にゼブラフィッシュの受精卵（ϕ 1.0 mm）が通るスリットや網目構造がある内籠（basket）とそれが入る外側タンクのセットで構成されている（表4.1）．

ゼブラフィッシュの産卵は，光刺激や体に受ける物理的刺激で促進される．また，浅瀬で産卵が行われやすいという性質もある．これらの特性を

表4.1 ゼブラフィッシュの交配用水槽

メーカー	製品名	URL
(株)名東水園	ブリーディングタンク	https://remix-net.co.jp/science/hikarirabo2013.pdf
テクニプラスト・ジャパン(株)	ブリーディングタンク	http://www.tecniplastjapan.co.jp/products/view/131
Tecniplast社	iSpawn-S	同上，およびhttps://www.tecniplast.it/uk/product/ispawns.html
Laboratory Product Sales社	Dura Cross	https://www.lpsinc.com/Catalog3.asp?Chapter=Tanks+and+Accessories&ChapterID=272&DropDown=False&cat_num=10

他にも水槽，隔離ボックスなどのキーワードで商品を検索すると多数見つかる．図4.2Bでも示すように，上下に個室がつくられ，上部の底面に十分な密度で孔があり受精直後の胚が余さず通過できるものを選ぶとよい．

考慮して坂道をつけた交配用水槽もテクニプラスト・ジャパン（株）から販売されている．浅瀬構造は，局所的に親魚の密度を高めることにもつながる．平坦な底面構造の交配用水槽でも，水の量を少なめに調節したり，水槽を傾けたりすることで浅瀬を模すこともできる（図 4.2C）．

内籠つきの交配用水槽が手元にない場合でも，ビー玉（φ1.5〜2.0 cm）を水槽の底面に敷きつめ，採卵することができる．ビー玉は光を反射させ親魚の求愛行動を促すだけでなく，受精卵が水底のビー玉の間隙に入り込むため，親魚の卵食から受精卵を守るのにも有効である．産卵終了後に親魚とビー球を取り除いて受精卵を回収する，あるいはサイフォンによりビー球の隙間から受精卵を回収する．

4.3.3 ペア交配

特定の親魚ペアを交配したい場合やオス・メスともに交配や産卵の履歴を管理したい場合には，オス・メス 1 匹ずつで交配を行う．この場合には，比較的小型の交配用水槽（1.0〜1.5 L サイズ）を用いる．このような小型の水槽では，親魚が自由遊泳できる空間として水量を 200〜250 mL 程度確保できるとよい．状態のよい親魚であれば，1 ペアから 100〜200 個の受精卵が得られる．

4.3.4 マルチ交配

野生型個体のコロニー維持など，特定の親魚を使う必要がなく，1 回の交配でなるべくたくさんの受精卵が欲しい場合には複数のオス・メスの個体を用いて交配させる．どれだけの胚が必要かに

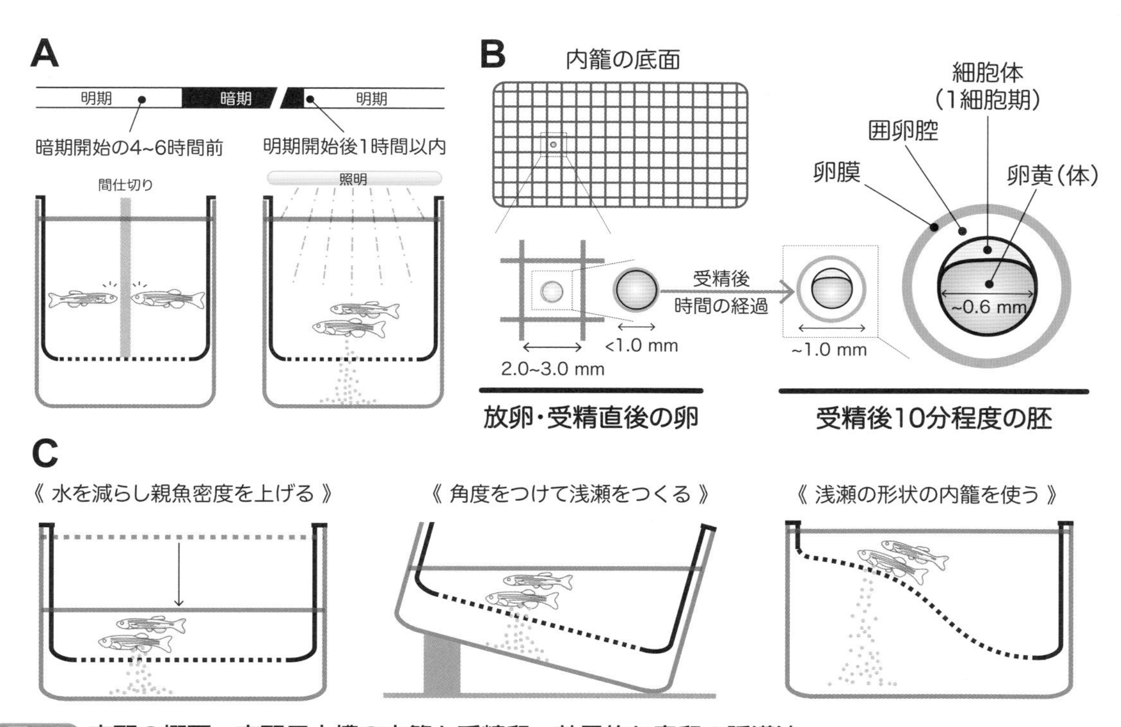

図4.2 交配の概要，交配用水槽の内籠と受精卵，効果的な産卵の誘導法

A：交配の概要．交配前日の消灯 4〜6 時間前に，間仕切りを入れた交配用水槽にオス・メスを分け親魚を入れる．交配当日，室内灯点灯後に間仕切りを外し産卵活動を開始させる．室内灯以外にも交配用水槽の上部に照明を当てる．B：交配用水槽の内籠の底面と受精卵のサイズ，受精後の受精卵のサイズ変化．受精後まもなく卵膜と胚の間に囲卵腔ができる． 細胞体の体積も増加し，卵黄と明確に区別可能になる． C：効率的に産卵を誘導する交配用水槽の設置方法． 水量を減らし親魚の密度を高めたり，交配用水槽内に浅瀬を模した環境をつくることで，より効果的に産卵を誘導することができる．

よるが，3～4 ペアの親魚の場合には 1.0～1.5 L サイズの交配用水槽を用いて，親魚が自由遊泳できる空間として 300～500 mL 程度の水量を確保することが好ましい．ペア数をさらに増やすなら（10 ペア以上など），2.0～3.0 L サイズの水槽を用いる．さらに多数の親魚を用いる場合は，10 L サイズの水槽を用意するとよい．Tecniplast 社から集合交配システム iSpawn-S も販売されている．

4.3.5 産卵後の給餌と交配の頻度

交配後もオスとメスを小さな交配用水槽に入れていると，ペアの相性が悪い場合，体の大きい方が小さい方を攻撃して殺すこともある．交配後はオス・メスを分離し，通常よりも多めに給餌を行うとよい．産卵で消費したエネルギーを補う効果もあり，持続的な交配・採卵が可能になる．交配の頻度としては，成熟卵を生産する周期を考慮して，メスは約 1 週間（短くても 2～3 日）の間隔を空けて産卵させるとよい．相性のよいペアを毎日連続して交配させても，産卵するのは週 2～3 回で，受精卵の数は 20～50 個となる．

4.3.6 産卵しない場合

交配を繰り返しても産卵しない場合，さまざまな要因が考えられる．適切かつ十分な給餌が行われていて，親魚が健康な外見を保っているならば，①交配する親魚のペアを替える，②異なる交配用水槽を使う，③交配のインターバル期間を長くする，④消灯時に間仕切りを外すなどを試されたい．

メスをオスと同じ水槽で飼育維持していると日常の交配でメスは成熟卵を無駄遣いすることになるので（受精卵は卵食される），交配の 3～5 日前にはオス・メスを別水槽に分けるのも有効である．2 年齢以上の老化した親魚は交配に用いても求愛行動が見られないことが多いので，成熟後の比較的若齢の個体（3～12 か月齢）を用いたい．若齢個体でも，単独飼育やオス・メス分離により長期間交配させずに飼育すると，メスの腹部の過膨満が起こり，いざ交配して求愛行動が見られても産卵しない場合がある．オス・メスを分離して飼育維持する場合でも，無理のないスケジュールで定期的（2 週間に 1 回程度）に産卵活動をさせることが，良好な産卵能の維持には好ましい．重要な系統については交配の履歴と産卵数・胚の質などの記録をつけるとよい．

4.4 胚の飼育と状態チェック

4.4.1 胚の状態チェックの重要性

受精直後のゼブラフィッシュ胚は透明度の高い滑面状の卵膜に覆われており（図 4.2B），胚の性状や発生の進行具合を実体顕微鏡で観察できる．正常なゼブラフィッシュ胚の発生は第 5 章や Kimmel らの論文に詳しく記載されている（Kimmel et al, 1995）．一方で，形態に異常のある胚や発生が遅延した胚はどのみち実験に使えず，腐って飼育水を汚すこともあるため，早めに取り除くのがよい．ここでは，胚が得られたあとの飼育水や，飼育を開始するうえでの留意点，胚の状態チェックに関して述べる．

4.4.2 胚の飼育水

胚の飼育に適した水の一例として E3 があげられる（Nüsslein-Volhard and Dahm, 2002）．図 4.3 に高濃度の E3 ストック溶液とワーキング溶液それぞれの組成と用途を示す．容器の清潔さや開栓の頻度にも依存するが，飼育水を長期間室温で置いておくと，予期せぬ雑菌の繁殖や pH の変化が起こることがある．高濃度のストック溶液を作製して冷蔵庫などで保存し，1x 濃度のワーキング溶液を用時調製し，1 週間で使い切るのがよい．調製した飼育水の pH が目的の値とならない場合，あるいは実験中に著しく酸性化してしまう場合は，炭酸水素ナトリウムなどの緩衝成分を適量添加（終濃度0.25〜0.5 mM程度）することも有効だろう．

E3以外にも，組成の異なる胚の飼育水がegg waterおよびembryo mediumとしてZFINに掲載されている（https://zfin.org/zf_info/zfbook/chapt1/1.3.html）．図4.4にegg waterおよびembryo mediumのストック溶液とワーキング溶液の調製法を示す．egg waterは人工海水粉末を蒸留水に溶かすだけで調製できる簡便な飼育水であり，主に卵膜に覆われた状態の胚の維持に用いられる．embryo mediumはE3に比べ，より高い濃度のカルシウムイオンや緩衝成分を含み，特に卵膜除去後の早い発生段階（卵割期〜原腸期など）の胚の飼育に適している．embryo mediumのワーキング溶液は塩化カルシウムと硫酸マグネシウム以外の化合物が1/10濃度のHank's溶液（pH 7.2）と定義されており，図4.4のとおり調製するとそれに準じたものになる．一方で，ストック溶液や蒸留水が適切に保存されていなかったり，著しく古いものを用いると，pHが7.2に合わないことも想定される．このような場合は，まずストック溶液や蒸留水を新しいものにして，ワーキング溶液を調製し直すことを推奨する．特にストック溶液#5は，分注して冷凍保存されたものか，用事調製したものを用いるべきである．pHが7.2以下となってしまう場合には，ストック溶液#5を1.0 mL以内の範囲で追加するか，水酸化ナトリウム溶液を適量加えることでpHを7.2にできるだろう．しかし，その場合は追加した化合物の終濃度が上昇することに注意されたい．

さまざまな理由から，飼育水の調製は定量のストック溶液を混ぜ合わせるだけの作業とせず，必ずpH測定を行いながら進めてほしい．飼育水の各種電解質の濃度やpHを毎回の実験で一定に保つこと，そして，その濃度を正しく把握して実験を行うことは，再現性の高い結果を得るために肝要である．

また，親魚の飼育維持に使うシステム水を濾過して胚の飼育に用いるのが楽で，実際にそうしている研究室も多い．ただし，各種電解質の濃度が研究室間や実験回ごとで微妙に異なる場合もあるので，特に環境水のイオン変化に影響を受ける実験では，定められた組成の胚の飼育水を用いるべ

E3溶液：標準的な胚の飼育水

● 50x E3ストック溶液（1.0 L調製用）

1）下記の分量で試薬を溶かす．

NaCl：	14.65 g
KCl：	0.63 g
$CaCl_2$・$2H_2O$：	2.43 g
$MgSO_4$・$7H_2O$：	4.07 g
蒸留水：	約 900 mL

2）NaOH溶液によりpH 7.2に調製する．

3）蒸留水で1.0 Lにメスアップする．

4）オートクレーブを行い冷蔵保存する．

✔ NaOH溶液は0.01 M〜0.1 M程度のものを用いるとよい．

✔ NaOHは0.01 Mなら1.0 mL，0.1 Mなら0.1 mL程度でpH 7.2にすることができる．

✔ ストック溶液でも保存中にpHの低下が起こることがあるが，$NaHCO_3$で1x E3ワーキング溶液をpH 7.2とすればよい．

● 1x E3ワーキング溶液（1.0 L調製用）

1）下記の分量で各溶液を混合しpH 7.2とする．

50x E3ストック溶液：	20 mL
蒸留水：	約 900 mL
1.0% Methylene blue溶液：	100 μL
(35 mg/mLの$NaHCO_3$溶液：	600 μL)

✔ $NaHCO_3$溶液はembryo medium用ストック溶液#5と同じ．

2）蒸留水で1.0 Lにメスアップする．

✔ ワーキング溶液は常温でしばらく保存可能だが，可能な限り用時調製した物を使うとよい．

《 1x E3ワーキング溶液の終濃度 》
5 mM NaCl
0.17 mM KCl
0.33 mM $CaCl_2$
0.33 mM $MgSO_4$
10^{-5} % メチレンブルー
(0.25 mM $NaHCO_3$：上記分量を添加した場合)

図4.3 **ゼブラフィッシュ胚の飼育に用いる溶液と使用法の一例**（Nüsslein-Volhard and Dahm, 2002）
胚の飼育に頻用されるE3溶液の調製法を示した．

egg water：孵化前（卵膜で覆われた状態）の胚の飼育水

● egg water ストック溶液（1.0 L 調製用）

1）下記の分量で試薬を溶かす．

"Instant Ocean" sea salt：	40.0 g
蒸留水：	約 900 mL

2）蒸留水で 1.0 L にメスアップする．

3）オートクレーブを行い冷蔵保存する．

✔ 長期の冷蔵保存でストックに沈澱を生じる場合は，常温保存あるいは濾過滅菌を行い室温保存．

● 1x egg water（1.0 L 調製用）

1）ストック溶液を蒸留水に加える．

egg water ストック溶液：	1.5 mL
蒸留水：	約 900 mL

2）蒸留水で 1.0 L にメスアップする．

《 1x egg water の終濃度 》
終濃度 60 mg/L Instant Ocean

embryo medium：卵膜が外された状態の胚の飼育水

（カルシウムおよびマグネシウムが完全強度の10% Hank's 溶液）

● embryo medium 各種ストック溶液

1）ストック溶液 #1～5 を下記のとおり作成する

ストック溶液 #1：
$NaCl$: 8.0 g / KCl : 0.4 g / 蒸留水：100 mL

ストック溶液 #2：
Na_2HPO_4 : 0.358 g / KH_2PO_4 : 0.6 g / 蒸留水：100 mL

ストック溶液 #3：
$CaCl_2$: 0.72 g / 蒸留水：50 mL

ストック溶液 #4：
$MgSO_4 \cdot 7H_2O$: 1.23 g / 蒸留水：50 mL

ストック溶液 #5：
$NaHCO_3$: 0.35 g / 蒸留水：10 mL

✔ ストック溶液 #1～4 は冷蔵庫で数か月保存可能．

✔ ストック溶液 #5 は 1.0 mL ずつ分注し 20°C で保存．
（室温および4°Cでは長期保存できないことに注意．）

● 1x embryo medium（100 mL 調整用）

1）下記の分量で各溶液を混合し pH 7.2 とする．

ストック溶液 #1：	1.0 mL
ストック溶液 #2：	0.1 mL
ストック溶液 #3：	1.0 mL
蒸留水：	約 95.0 mL
ストック溶液 #4：	1.0 mL
ストック溶液 #5：	0.1 mL

✔ ZFIN ではストック溶液 #5 は 100 mL に 1.0 mL とあるが，pH が 8.0 を超えるので，0.1 mL の方がよく，その場合は pH が 7.2 となる．

2）蒸留水で 100mL にメスアップする．

《 1x embryo medium の終濃度 》
13.7 mM $NaCl$
0.54 mM KCl
0.025 mM Na_2HPO_4
0.044 mM KH_2PO_4
1.3 mM $CaCl_2$
1.0 mM $MgSO_4$
0.42 mM $NaHCO_3$

図4.4 ゼブラフィッシュ胚の飼育に用いる溶液と使用法の一例
孵化前の胚の飼育に用いる egg water と卵膜除去後の胚の飼育に用いる embryo medium の溶液の調製法を示した．これらは，The Zebrafish Information Network（ZFIN）に掲載されている胚の飼育水の調製方法を参考にしたものである．

きである．

胚の表面で糸状菌などの微生物が繁殖すると，その影響で胚発生が影響を受け，胚が死ぬこともある．死んだ胚は腐敗するので，二次的な水質悪化を引き起こし，同じシャーレにいる健康な胚の発生を阻害することになる．したがって，状態の悪い胚を死ぬ前に取り除くのは重要なことである．必要に応じて終濃度 10^{-5}% のメチレンブルー溶液を飼育水に加えておくと，雑菌の繁殖を低減できる．

4.4.3 受精卵の洗浄

受精卵の表面に親魚の糞などゴミがついている場合は，システム水で数回すすいで汚れを取り，その後さらに飼育水で数回すすぎ，表面の汚れを除く．交配用水槽から受精卵を回収する際，茶漉しなど，受精卵の直径よりも小さいが，糞や残餌などのゴミは通せる（0.25～0.5 mm の網目サイズ）ものでゴミを洗い流して胚を回収するとよい．

4.4.4 胚の漂白

胚の飼育水にメチレンブルーを入れていても，胚の飼育中に病原体が増殖する場合がある．また，胚を別の飼育システムに移すために病原体フリーの状態にしたい場合にも，以下の要領で胚の漂白を行う．

まず飼育水 170 mL に 5.25% 次亜塩素酸ナトリウム溶液 0.1 mL を加えるなどして，漂白用溶液（0.003% 次亜塩素酸）を調製する．この漂白用溶液に飼育水できれいに洗浄した胚を入れ，よく攪拌する．5 分後，清潔なピペットで卵を取り出し，新しい飼育水 170 mL へ移し，すすぎを行う．もう一度同様のすすぎを行い，胚を目的の飼育容器に移す．この漂白は胚が卵膜に包まれているから可能であり，採卵した日に行うのがよい．

4.4.5 胚を飼育する容器と密度

φ100 mm のバクテリア用プラスチックディッシュは胚を飼育する容器として最も頻用されるものであり，使用後に洗って乾燥すれば，繰り返し使用できる．新品だと卵膜除去を行った胚がディッシュ底面に付着する場合があるので，ディッシュの底面をメラミンスポンジなどで一度軽く擦ったあと水洗して使用するとよい．φ100 mm ディッシュを用いる場合，20 mL 程度の飼育水に 100 個体の胚を入れられる．

より少数の胚を扱う場合には，96 ウェルプレートや φ35 mm シャーレ（または 6 ウェルプレート）が便利だろう．96 ウェルプレートの場合は 1 ウェルに 1 個体と飼育水 100〜200 μL を，35 mm シャーレ（または 6 ウェルプレート）の場合は 1 ウェルに 15 個体と飼育水 3 mL をおおよその基準とするとよい．また，φ150 mm シャーレを用いれば，50 mL の飼育水で 250 個体の胚を維持できる．水量に対して胚の個体数が多すぎると，酸素不足による胚発生の遅延を招くので，過密とならないように飼育容器と飼育水の容量を選ばなくてはならない．

より多数の胚を 1 つの容器で飼育したい場合，計算上は，たとえば 500 mL のボトルに半量ほどの飼育水を入れ，1,000 個体を維持することもできることになる．しかし，底面積が小さい容器に大量の胚を入れると，単純計算で胚あたりの水量が十分でも，胚がいる底部では局所的な酸素不足が発生する．底面積が十分にある容器に，水深が深くなりすぎない程度に水を入れる方が賢明である．エアレーションを行えば上記の問題を解決できる．

4.4.6 飼育水の交換

胚の飼育水の水換えでは半量程度（場合によっては全量）を新しい飼育水と交換する．飼育水交換の頻度は，シャーレや 96 ウェルプレートで飼育する場合は 12 時間に 1 度，大型のタンクやジャーボトルなどで飼育する場合は，24 時間に 1 度とするのが望ましい．しかし，死ぬ胚が多いなど水質の悪化が起きている場合には，この頻度を上げ，さらに部分的な水換えではなく，容器・飼育水ともに新しいものに交換する必要もあるだろう．また，寒冷地や冬季などでは水換えをする前に飼育水の温度を 28.5℃ に調整することに留意したい．

4.4.7 胚の状態チェック（異常胚の除去）

状態のよい受精卵を水温 28.5℃ で育てると，受精後 10 分以内に透明で大きな細胞体が形成され，動物極と植物極が明確に区別できるようになる．この接合体（1 細胞期の胚体）は 45 分で 2 細胞期，60 分で 4 細胞期へと卵割が進む．まれに囲卵腔（卵膜と胚との間隙：図 4.2B）が極端に狭かったり，卵黄や胚体が不透明なものもあるが，受精後 1 時間で卵割が進行しなければ，未受精卵か，異常胚の可能性が高い．受精後 3 時間以内にこのような胚を見つけたら正常胚と分けておく（図 4.5 卵割期）．

ゼブラフィッシュでは 512〜1024 細胞期（2.75〜3.0 時間齢）に接合体由来の遺伝子発現が始まるので（Kane and Kimmel, 1993），このステージを通過した胚はその後の発生もおおむね正常に進む．未受精卵や異常胚では，受精後 3 時間が経過しても 1 細胞期で停止していたり，卵割が進んでも細胞体が均等に分かれず，断片化した細胞質が見られたりする．これらもしばらく透明な状態が続くので，生きているかのように見えるが，受精後3〜8時間までには卵膜の内側で白濁した不透明塊ができ，腐り始める．異常な胚がそのあとに回復して正常に発生することはないので，状態の悪い胚は受精後3時間の時点で取り除いておくことが大事である（図4.5 胞胚期）．

細胞が卵黄の表面を覆うように植物極方向に移動するエピボリー（覆い被せ）運動が進む頃（4〜8時間齢），正円形ではない楕円形の胚や，ダルマ型の胚が見られることがある．これらも異常胚なので，早めに取り除く（図4.5 原腸期）．

8時間齢までにエピボリー運動が正常に進行した胚の多くはその後死ぬことなく，発生が進行する．したがって，受精後8時間のうちに（できれば，受精後0.5時間，3時間，8時間の3回）異常胚を取り除き，この時点で胚の飼育水の水換えを行うと，24時間齢までの死滅を抑え，良好な胚を得ることができる．

10時間齢以降は体節形成と同期して体長の伸長が始まり，神経系，循環器系，骨格筋などさまざまな組織・器官が形成され，外部形態からもその発達が見てとれるようになる．17時間齢からは自発的な運動も見られる（図4.5 体節形成期）．20時間齢から孵化する60時間齢までは，胚は伸長した体幹を卵膜内で屈曲させているため，胚の状態を評価しにくい（図4.5 咽頭期）．20時間齢以降に胚の形態を観察するには，先端が細いピンセットや注射針などを使って顕微鏡下で卵膜を物理的に破るか，0.5〜2.0 mg/mLのプロナーゼ（タンパク質分解酵素混合物：Sigma #P5147）を含む飼育水中で室温もしくは28.5℃で適当な時間インキュベートして卵膜を柔らかくして除去する．

24時間齢以降は外部形態（体のサイズや心臓の拍動，浮腫の有無など）や運動機能の発達を観察し，異常胚がいれば正常なものと分ける．

上述したプロナーゼのストック溶液と処理の方法の一例を図4.6に示した．プロナーゼの効きが悪い場合はインキュベーション時間の延長や異なる組成の飼育水を試されたい．プロナーゼの効果が十分な場合は上記の濃度で10〜30分処理することでほぼ完全に卵膜を軟化できる．十分に軟

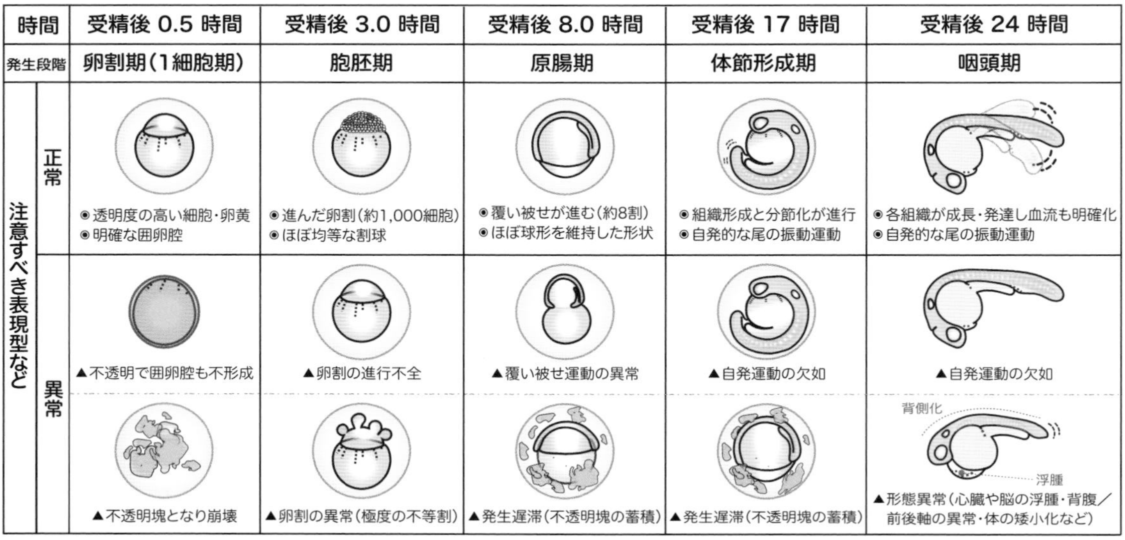

時間		受精後 0.5 時間	受精後 3.0 時間	受精後 8.0 時間	受精後 17 時間	受精後 24 時間
発生段階		卵割期（1細胞期）	胞胚期	原腸期	体節形成期	咽頭期
注意すべき表現型など	正常	◉透明度の高い細胞・卵黄 ◉明確な囲卵腔	◉進んだ卵割（約1,000細胞） ◉ほぼ均等な割球	◉覆い被せが進む（約8割） ◉ほぼ球形を維持した形状	◉組織形成と分節化が進行 ◉自発的な尾の振動運動	◉各組織が成長・発達し血流も明確化 ◉自発的な尾の振動運動
	異常	▲不透明で囲卵腔も不形成	▲卵割の進行不全	▲覆い被せ運動の異常	▲自発運動の欠如	▲自発運動の欠如
		▲不透明塊となり崩壊	▲卵割の異常（極度の不等割）	▲発生遅滞（不透明塊の蓄積）	▲発生遅滞（不透明塊の蓄積）	背側化 浮腫 ▲形態異常（心臓や脳の浮腫・背腹／前後軸の異常・体の矮小化など）

図4.5 ゼブラフィッシュ胚の状態チェック

標準的な温度（28.5℃）での各受精後時間における正常な胚と異常な胚の例を示した．特に受精後の早い時間帯で，複数回（受精後0.5時間，3.0時間，8.0時間など）異常な胚の除去と水換えを行うことが好ましい．これにより，胚の飼育環境を良好に保ち，健全な個体群の飼育・維持が容易になる．

● プロナーゼストック溶液 (10 mL 調製用)

1）下記の分量を1x E3 (10 mL) に溶かす.

プロナーゼ(Pronase)： 100 mg

✔ ほかの用途も想定される場合は, 蒸留水で溶解する.

2）十分に転倒混和し, 均一な溶解液とする.
(10 mg/mL のプロナーゼストック溶液とする.)

✔ 溶け残りのない薄い茶褐色の溶液であることを確認する.

✔ 濃く調製することも可能だが, ストックの濃度は 10～20 mg/mL が好ましい.

3）適量ずつ(0.5～1.0 mL/tube) 分注し冷凍保存する.

✔ ストック溶液は −20℃ で1年以上保存可能である. また､凍結再融解は 3 回程度までとするとよい.

● プロナーゼ処理

1）ϕ35 mm ディッシュに 1x E3 を 2.0 mL と 50 個体以下の胚を入れる.

2）終濃度が 0.5～2.0 mg/mL 程度となるように融解した ストック溶液を加え, よく混ぜ, 静置する.

✔ 0.5～1.0 mg/mL なら 28.5℃あるいは室温で 20～30 分程度, 2.0 mg/mL なら 10～15 分程度静置する.

3）一定時間後にディッシュをゆすり, 卵膜が破れ始めたら, スポイトなどで胚に水流を当て卵膜を外す.

4）卵膜が外れた胚はすぐに新しい E3 に移し, 洗浄する.

✔ プロナーゼ処理後には, 胚に異常や損傷(端部の欠損･卵黄破裂･不透明化など)がないことを顕微鏡下で確認するとよい.

図4.6 プロナーゼ溶液のストックの調製法と使用法の一例
長時間のプロナーゼ処理は胚を傷つけることになるので注意されたい. 特に 10 時間齢以前の胚は傷つきやすい. 原腸期以前の胚では, 顕微鏡下で確認しながら卵膜除去を行うなど, 処理の方法や時間を検討し最適化されたい.

化した卵膜は物理的操作で簡単に外せるようになる. 一方で, プロナーゼ処理は長時間行うと胚が傷つくので注意する. より早いステージの胚もプロナーゼ処理により卵膜除去が可能だが, 覆い被せが未完了のステージ（10 時間齢以前）では, 特に胚が傷つきやすく, 卵黄の破裂を起こしやすい. これらのステージでは物理的な方法で卵膜除去を行うか, プロナーゼを用いるとしても, 顕微鏡下で観察しながら注意深く卵膜を除去したあと, プロナーゼを含まない embryo medium などの飼育水で胚を洗浄し, 回収するとよいだろう.

〔亀井宏泰〕

>> 引用文献

Kane, D. A. and C. B. Kimmel, The zebrafish midblastula transition, *Development*, **119** (2), 447-56 (1993).

Kimmel, C. B. et al., Stages of embryonic development of the zebrafish, *Dev. Dyn.*, **203** (3), 253-310 (1995).

Kwok, H. F. et al., Zebrafish gonadotropins and their receptors: I. Cloning and characterization of zebrafish follicle-stimulating hormone and luteinizing hormone receptors--evidence for their distinct functions in follicle development, *Biol. Reprod.*, **72** (6), 1370-81 (2005).

Nüsslein-Volhard, C. and R. Dahm, *Zebrafish: A Practical Approach*, Oxford University Press (2002).

Selman, K. et al., Stages of oocyte development in the zebrafish, *Brachydanio rerio*, J. *Morphol.*, **218** (2), 203-24 (1993).

So, W. K. et al., Zebrafish gonadotropins and their receptors: II. Cloning and characterization of zebrafish follicle-stimulating hormone and luteinizing hormone subunits--their spatial-temporal expression patterns and receptor specificity, *Biol. Reprod.*, **72** (6), 1382-96 (2005).

Uchida, D. et al., Oocyte apoptosis during the transition from ovary-like tissue to testes during sex differentiation of juvenile zebrafish, *J. Exp. Biol.*, **205** (Pt6), 711-8 (2002).

会田勝美・金子豊二 編, 魚類生理学の基礎 増補改訂版, 第6章～第7章, 恒星社厚生閣 (2013).

第5章 発　生

5.1 生活環と寿命

ゼブラフィッシュは，受精直後の接合体1細胞から，卵割，細胞増殖，細胞分化，細胞移動など複雑なプロセスを経て，個体としての機能をなすための組織や器官を形成しながら発達する．受精後1日目には，大まかな形づくりを終え，2日目には，遊泳可能となる．卵黄がなくなる5日目前後から食物摂取を始め，2～3か月齢で性成熟する．性成熟にかかる期間や寿命は飼育環境（飼育個体密度，温度，餌，水質など）の影響を大きく受ける．ゼブラフィッシュは最大5年程度生存するとされるが，筆者らの実験室飼育環境では1～1.5年程度で交配による受精卵の取得効率が低下するので，世代交代させている．

5.2 発　生

5.2.1 発生の概要

ゼブラフィッシュは母体外で受精して発生する．発生段階や年齢は受精後の時間齢や日齢，週齢で表すのが一般的である．受精後3日齢までの初期発生過程については詳細なステージ区分けが定義されている．その後は，仔魚（larva：3～30日齢），稚魚（juvenile：未性成熟だが，成体の特徴である鱗や鰭などを形成できている，30～90日齢）を経て，性成熟した成魚（adult：90日齢～）となる（38ページコラム参照）．仔魚以降のカッコ内日数は，過密環境で飼育すると成長が遅いなど，飼育環境により変わる．

5.2.2 胚（受精～3日齢）

ゼブラフィッシュ初期発生過程の段階は，Kimmel et al.（1995）によって，詳細に定義されている．Zebrafish Developmental Staging Seriesとして，ゼブラフィッシュの代表的なデータベース The Zebrafish Information Network（ZFIN）（https://zfin.org/zf_info/zfbook/stages/index.html）からも閲覧可能である．

Kimmelらは，水温28.5℃での発生段階と受精後時間数の対応を報告しているが，ゼブラフィッシュの胚発生は，環境温度によって影響を受ける（Kimmel et al., 1995）．受精後3日胚までの発生は，水温23～34℃の範囲内では高温であるほど早く，発生速度が環境温度の線形関数として変化する．そのため，任意の温度で胚が達する発生段階までの時間を推定できる（Kimmel et al., 1995）．また，23～34℃の間では水温は発生異常の出現率には影響しないとされている（Schirone and Gross, 1968）．

受精後の発生過程は，期（period）とステージ（stage）で区別される．受精後3日までの胚発生は，接合体期（zygote），卵割期（cleavage），胞胚期（blastula），原腸期（gastrula），体節形成期（segmentation），咽頭期（pharyngula）および孵化期（hatching）に大分類される．さらに，この期間中に起こる形態形成における特徴をとらえることで，ステージとよばれる小分類段階に分けられる（図5.1）．

①接合体期（0～0.75時間齢）：1細胞ステージであり，細胞質が大きくなり，動物極（上）と植物極（下）が明確に区別できるようになる．

②卵割期（0.75～2.25時間齢）：2～64細胞ステージであり，卵割が進行する．

③胞胚期（2.25～5.25時間齢）：128細胞～30％エ

ピボリーのステージであり，細胞分裂が進むが，細胞数が4,000を超えると一部の細胞が卵黄の表面を覆うように植物極（下）方向に移動するエピボリー（覆い被せ）運動を始める．

④原腸期（5.25〜10.33時間齢）：50％エピボリー〜尾芽ステージである．エピボリーが50％に達したあと，形態的に胚の前後背腹軸がわかるようになる．原腸貫入と背側と後部への細胞移動が起こり，背側が肥厚し，後部に尾芽が形成される．

⑤体節形成期（10.33〜24時間齢）：体節形成ステージであり，体幹部に筋や骨の元となる分節構造である体節が左右1対ずつ形成される．体節形成は10時間齢で始まり，10〜12時間齢は1時間に3個ずつ，12〜24時間齢は1時間に2個ずつ形成される．18時間齢で18体節，24時間齢で30体節になる．

⑥咽頭期（24〜48時間齢）：体表面の色素の沈着，心拍などが始まる．この期間に耳胞後方に生じた体表面の側線原基が後方へ移動する．その側線原基の体節との相対位置でステージが決まり，Prim-x（xは体節番号）と表現される．28.5℃飼育であれば24時間齢ならPrim-5，36時間齢ならPrim-25となる（**図5.2**）．

⑦孵化期（48〜72時間齢）：およそ3日齢で（48時間齢以降），卵膜（chorion）からの孵化，胸鰭の伸長と遊泳行動が始まる．孵化のタイミングは平均すると60時間齢だが，個々の胚で異なるため，孵化時期は発生段階の指標としては適切ではない．ゼブラフィッシュでは孵化にかかわらずその間の発生は進行するため，胚の定義として72時間齢までを「胚」とよび，72時間齢以降は孵化したかどうかにかかわらず「仔魚」とよぶことが提唱されている（**図5.2**；

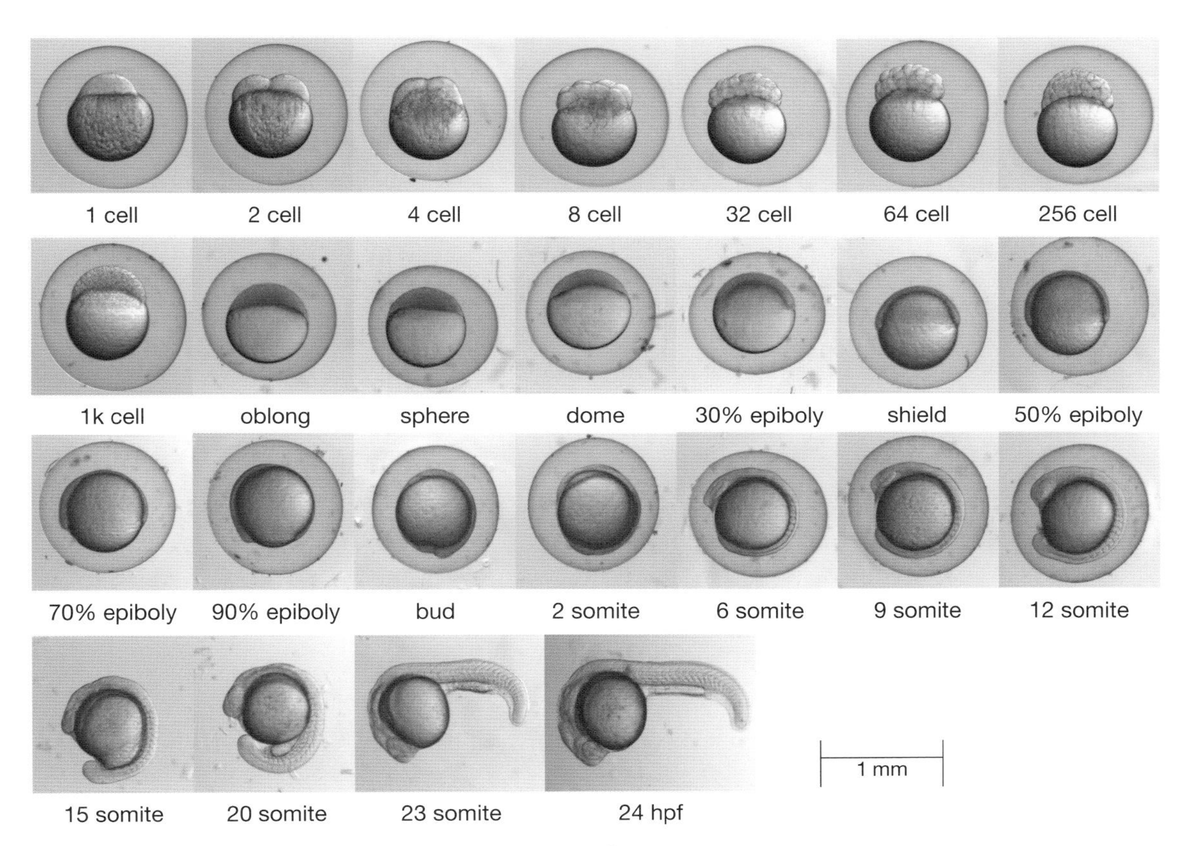

図5.1 ゼブラフィッシュの胚発生（24時間齢まで）
hpf：時間齢（hours post fertilization）

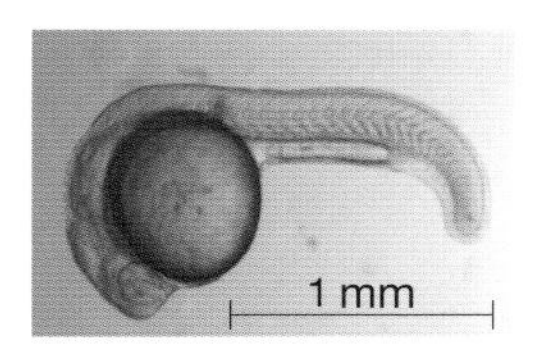

24 hpf

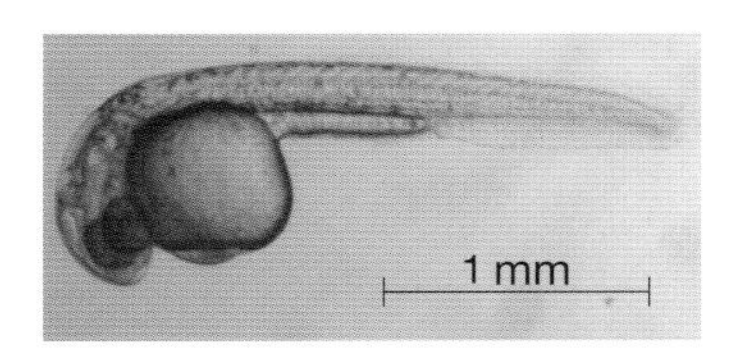

32 hpf

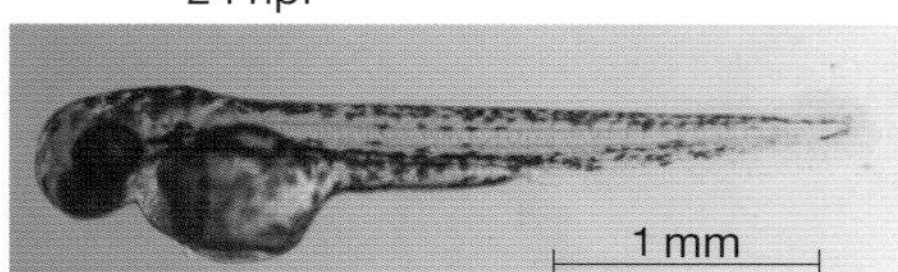

48 hpf

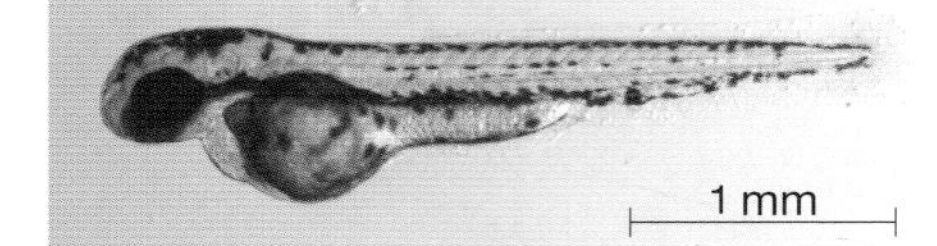

56 hpf

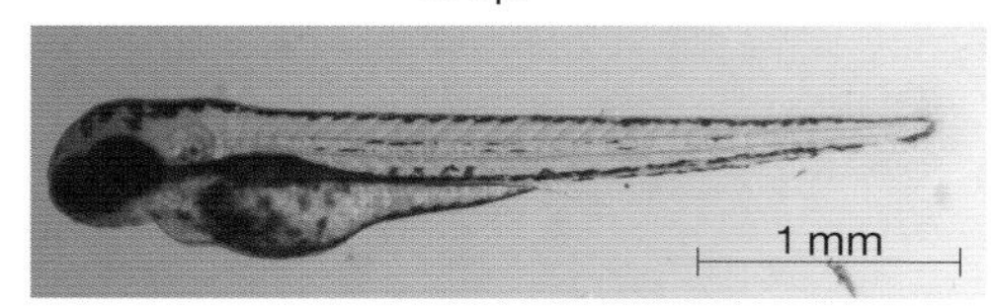

72 hpf

図5.2 ゼブラフィッシュの胚発生（24〜72 時間齢）

24〜72 時間齢（hpf）段階の胚．写真の 24 hpf は Prim-5 である．

Kimmel et al., 1995).

5.2.3 ヘッド-トランクアングルによるステージング

24 時間齢までの発生段階は形態や体節の数で容易に判別できるが，それ以降は形態の変化がそれ以前ほどには明確ではなく，ステージングしにくい．20 時間齢から 72 時間齢までの間の発生段階については，頭部と体幹部間の角度（ヘッド-トランクアングル）が大まかな発生時期の指標となる（図 5.3；Kimmel et al., 1995).

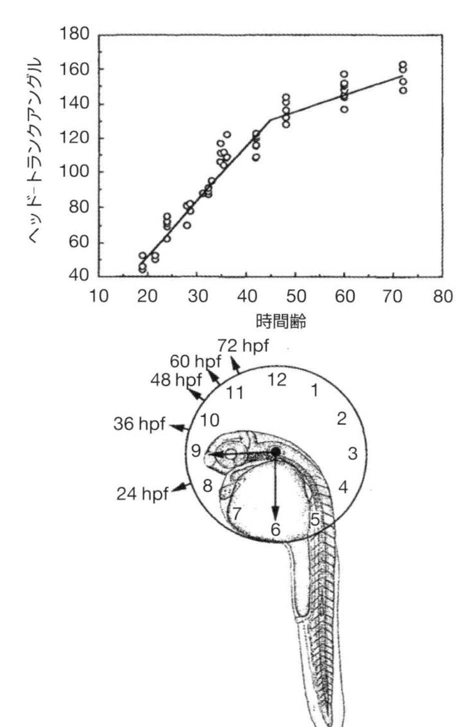

図5.3 ヘッド-トランクアングルによる胚のステージング（Kimmel et al., 1995 を改変）

ゼブラフィッシュを 28.5°C で発生させると，20〜72 時間齢の間，頭部の角度（眼球レンズと耳胞を結んだ直線が体幹軸となす角度）は大きくなり続ける．これを利用して，胚のステージングを行うことができる．

5.2.4 仔魚（3〜30 日齢）

ゼブラフィッシュは孵化したあとも卵嚢の栄養を消費して発生を続けるが，5 日齢までに卵嚢はなくなる．仔魚は 3 日齢（72 時間齢）ではシャーレの底に横たわっているが，4 日齢までに背中を上にした自立遊泳をはじめ，5 日齢までに摂食を開始する．その後は体長，体重が増加し，30 日齢で稚魚になる（図 5.4 の 7 dpf, 14 dpf, 1 mpf)．胚発生期以降の外見や解剖学的手法による発達段階の区分は Parichy らによる報告が詳しい（Parichy et al., 2009)．摂食の開始時期を 8 日目まで遅らせても，受精後 39 日での生存率

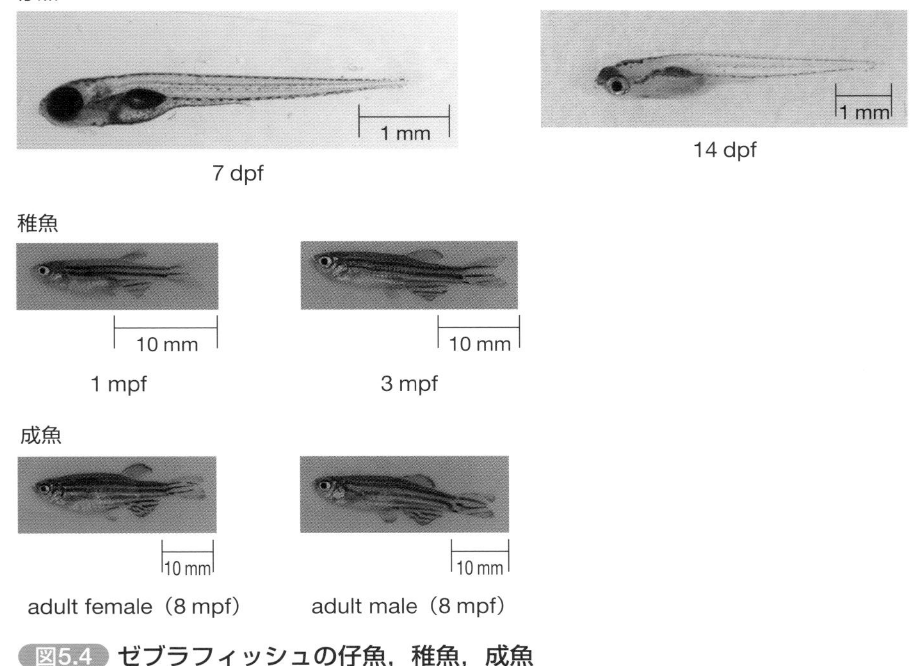

図5.4 **ゼブラフィッシュの仔魚，稚魚，成魚**
dpf: 受精後日数（days post fertilization），mpf: 受精後月数（months post fertilization）

に影響はない（Hernandez et al., 2018）．何らかの変異などで仔魚が摂食できない場合，7 日齢以降顕著にやせ細り，10 日齢（前後）で餓死する．

5.2.5. 稚魚（30〜90 日齢），成魚（90 日齢以降）

稚魚では成体の特徴である鱗や鰭の形成が認められる（図 5.4 の 1 mpf，3 mpf）．性成熟に至るまでの期間を稚魚，その後を成魚と定義する．稚魚の期間は 30〜90 日齢とされるが，飼育環境により異なる．飼育密度を低くし，給餌回数を増やすことで早く性成熟させる，つまり成魚にすることができる．性成熟に至るまでの飼育密度，給餌量などの飼育環境要因はゼブラフィッシュの雌雄決定にも影響を及ぼす（Nagabhushana and Mishra, 2016）．

5.3 成魚の寿命と老化

ゼブラフィッシュの寿命は，遺伝的背景や飼育環境に左右される．近交系ゼブラフィッシュの平均寿命は 42 か月で，*golden* 系統では，36 か月との報告がある（Gerhard et al., 2002）．

ゼブラフィッシュは老化により，ヒトと類似した老化現象が見られる．たとえば，若年（8〜12 か月齢），中年期（15〜20 か月齢），老年期（25〜30 か月齢）を比較すると泳動能力は若年が一番高く，中年，老年と加齢にともない減少し，エネルギー代謝（酸素消費量）低下も同様に起こる（Gilbert et al., 2014；Yang et al., 2019）．

また，記憶学習能力についても 7 か月齢の魚と 15 か月齢の魚を比較すると，15 か月齢の方が低く，これは老化による認知機能の低下であると提唱されている（Yang et al., 2018）．

5.4 成魚の解剖

ゼブラフィッシュ成体の各種臓器は解剖により，容易に摘出できる．図5.5では，オスの臓器を示す．

解剖の過程を頭部と胴体部に分けて説明する．

頭部：図5.5に示す位置で切断すると心臓（内臓の中でも頭部に近い場所にある），目，脳などの臓器が含まれる．頭蓋骨を剥離し，まわりの筋肉や眼球を取り除くことで，脳全体を摘出する（ビデオ 頭の解剖参照）．

胴体部：開腹により，内臓部を取り出すと，残りが胴体と浮き袋に分けられる．内臓部には腸，肝臓，脾臓，胆嚢，精巣が含まれる．内臓部から，精巣，肝臓など臓器を順番に分離する．腎臓は，胴体部背中側に黒い線状物として付着している（ビデオ 体の解剖参照）．〔伊藤素行〕

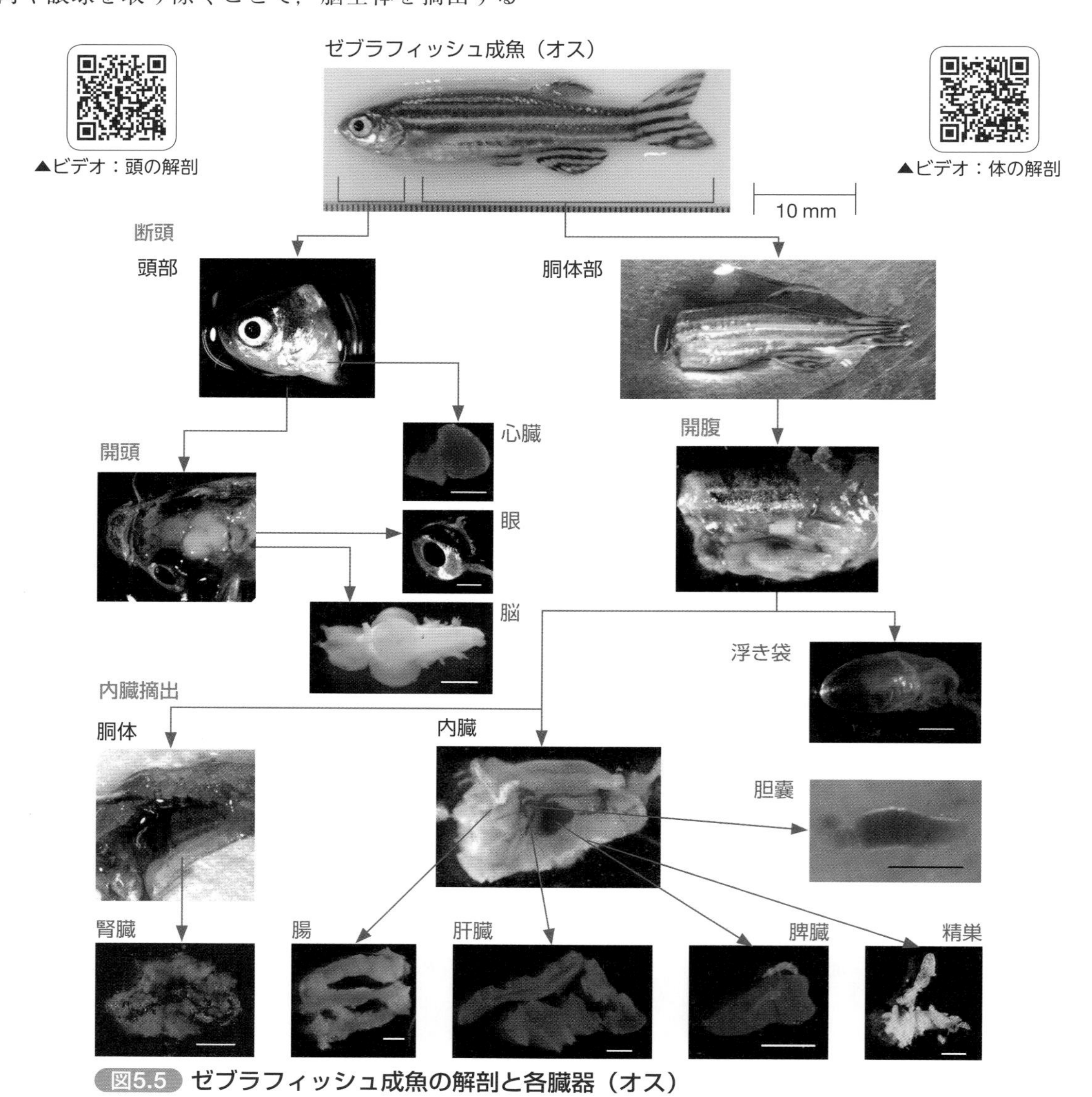

図5.5 ゼブラフィッシュ成魚の解剖と各臓器（オス）
スケールバー：1 mm

コラム 順遺伝学による変異体作製

ゼブラフィッシュをモデルとして有名にしたのは間違いなく脊椎動物で初めてとなった順遺伝学による大規模変異体スクリーニングである．1970年代後半〜80年代にかけて行われたショウジョウバエの発生異常変異体を足がかりにした分節遺伝子群の研究で1995年にノーベル賞を受賞したニュスライン=フォルハルト（Christiane Nüsslein-Volhard）は，ヒトの発生を制御する遺伝子の単離を視野に，脊椎動物で同様のスクリーニングを1990年代初めにチュービンゲンのマックスプランク研究所で実施した．同時期にマサチューセッツ総合病院でもドリーバー（Wolfgang Driever, 元はニュスライン=フォルハルトの大学院生だった）とフィッシュマン（Mark Fishman）が同様のスクリーニングを始めた．両研究グループは多数のポスドクと学生を動員して，ゼブラフィッシュ胚の発生や個体運動に異常のある変異体を4,000種類以上単離し，そのうち1,500種類の変異体が，1996年12月発行の*Development*誌の特集号において報告された．また，そのアレル解析から胚発生と器官形成を制御する400以上の新しい遺伝子の存在も示された（*Development*, **123**,1-460（1996））．

今から考えても大変な仕事量であることは想像に難くないが，当時の研究プロジェクトや複数グループでの論文出版の苦労は，ニュスライン=フォルハルトの回顧録として*Development*誌に掲載されているので，興味のある方にはぜひお読みいただきたい（Nüsslein-Volhard, 2012）．

筆者がゼブラフィッシュ研究を始めるきっかけになったのは，まさに博士課程の大学院生だったときに出版されたこの特集号である．当時はマウスを用いた逆遺伝学，すなわちノックアウトマウス作製の幕開けの時代でもあった．筆者は目新しかったノックアウトマウスの作製技術を学び，ある遺伝子のノックアウトマウスの表現型に胸をふくらませて日々過ごしていた．しかしながら，逆遺伝学的研究は多分に運任せなところがある．筆者が作ったノックアウトマウスは成体でも大きな異常はなく，想定される表現型を細かく調べてやっとの思いで，微細な表現型を見つけて論文出版にこぎつけることができた．そんな状況で*Development*誌のゼブラフィッシュ特集号は出版されたのである．表現型に基づいて変異体を単離する順遺伝学は，なんと確実な研究手法なのだろう，新しい変異体を解析できれば成功が期待できる，そんな夢を抱きながら，ポスドク先として，まだ原因遺伝子が同定されていないゼブラフィッシュ変異体をもつNational Institutes of Health（NIH）のアジャイ・チトニス（Ajay Chitnis）ラボへ旅立った（確かに恩恵にあずかれた！）．

時は流れていまやゼブラフィッシュを用いた順遺伝学研究は駆逐されたかのごとく，学術雑誌で目にしなくなった．当時単離された変異体の原因遺伝子はほぼ同定され，ゼブラフィッシュのゲノムプロジェクトが終了し，さらにCRISPR/Cas9を用いたゲノム編集による逆遺伝学手法が容易になったことなど，研究進展の複合的な結果であろう．ゼブラフィッシュ順遺伝学はこのまま廃れた研究手法となるのであろうか．宝の山が残されているとすれば，成魚を用いた高次機能の変異体スクリーニングだろうか．ゼブラフィッシュ研究者はまた夢をみるのである．

コラム 若い魚は仔魚，稚魚，幼魚？

若い魚を日本語でどうよぶかは，実は研究者によって違いがある．魚類学の定義では，孵化前は胚（ゼブラフィッシュの場合は 0〜3 日齢），孵化したら仔魚（3〜30 日齢），骨格や鰭など体の基本形態が整ったら稚魚（30〜90 日齢），性成熟したら成魚（90 日齢以降）と主に 4 期に分類している（矢部ほか 編，2017）．仔魚と稚魚の境界が曖昧な場合には仔魚期から仔稚魚とよぶこともあり，稚魚をさらに稚魚，若魚，未成魚と細かく分類する場合もある．英語での発達区分は embryo, larva, juvenile, adult であり，それぞれ魚類学では、胚，仔魚，稚魚，成魚に対応する．しかし，ゼブラフィッシュの研究者の間では larva を稚魚，juvenile を幼魚とする慣用名称も広く用いられている．本書では魚類学に則った名称を採用している．研究で日常的に使用する語句が分野によって違う場合があることも知っておいてほしい．

表 若い魚は仔魚，稚魚，幼魚？

発生ステージ	孵化前	孵化後	基本形態の確立後	性成熟後
ゼブラフィッシュの受精後日齢（生育環境で前後する）	0〜3 日	3〜30 日	30〜90 日	90 日以降
英語名称	embryo	larva	juvenile	adult
英語の直訳（Google 翻訳）	胚，胎児	幼虫，仔虫	少年，幼若	成人，大人
日本語正式名称（魚類学用語）	胚	仔魚	稚魚	成魚
日本語慣用名称（日本の多くのゼブラフィッシュ研究者が用いる）	胚	稚魚	幼魚	成魚

引用文献

Gerhard, G. S. et al., Life spans and senescent phenotypes in two strains of Zebrafish (*Danio rerio*), *Exp. Gerontol.*, **37** (8-9), 1055-68 (2002).

Gilbert, M. J. et al., Zebrafish (*Danio rerio*) as a model for the study of aging and exercise: physical ability and trainability decrease with age, *Exp. Gerontol.*, **50**, 106-13 (2014).

Hernandez, R. E. et al., Delay of initial feeding of zebrafish larvae until 8 days postfertilization has no impact on survival or growth through the juvenile stage, *Zebrafish*, **15** (5), 515–8 (2018).

Kimmel, C. B. et al., Stages of embryonic development of the zebrafish, *Dev. Din.*, **203** (3), 253-310 (1995).

Nagabhushana, A. and R. K. Mishra, Finding clues to the riddle of sex determination in zebrafish, *J. Biosci.*, **41** (1), 145-55 (2016).

Nüsslein-Volhard, C., The zebrafish issue of *Development*, *Development*, **139** (22), 4099-103 (2012).

Parichy, D. M. et al., Normal table of postembryonic zebrafish development: staging by externally visible anatomy of the living fish, *Dev. Din.*, **238** (12), 2975-3015 (2009).

Schirone, R. C and L. Gross, Effect of temperature on early embryological development of the zebra fish, *Brachydanio rerio*, *Biology*, **169** (1), 43-52 (1968).

Yang, P. et al., Successive and discrete spaced conditioning in active avoidance learning in young and aged zebrafish, *Neurosci. Res.*, **130**, 1-7 (2018).

Yang, P. et al., A newly developed feeder and oxygen measurement system reveals the effects of aging and obesity on the metabolic rate of zebrafish, *Exp. Gerontol.*, **127**, 110720 (2019).

矢部 衞・桑村哲生・都木靖彰 編，魚類学，恒星社厚生閣（2017）．

第6章 仔魚の運動

6.1 胚・仔魚の運動の概要

ゼブラフィッシュは受精後 48〜72 時間で孵化すなわち卵膜から出るので，72 時間齢までが胚（embryo），72 時間齢からが仔魚（larva）と定義されている（Kimmel et al., 1995；Parichy et al., 2009）．稚魚（juvenile）とは性成熟していないこと以外は成魚と同じ形質を備えた若い魚のことで，育て方や個体差による発育の差もあるが，30 日齢からをいう．2〜3 か月齢で生殖可能な成魚（adult）に成長する．

孵化前のゼブラフィッシュ胚を卵膜から取り出しても，水底に横たわったまま正常な速度で発生させることができる．ゼブラフィッシュ胚は 17 時間齢で自発的な運動を始め，21 時間齢からは触刺激にも応答するようになる．4 日齢で背を上にして自立的に泳ぎ始め，水面まで泳ぎ空気を吸い込み，浮き袋を膨張させる（Winata et al., 2009）．3 日齢以降で視覚刺激や聴覚刺激に応答した多様な運動が見られるようになり，5 日齢には嗅覚刺激や前庭感覚刺激にも応答するようになる（図 6.1）．本章では胚と仔魚で見られる運動に焦点を当てる．

6.2 自発的コイリング

ゼブラフィッシュ胚は体節形成期，すなわち胴体部分を伸張させる最中の受精後 17 時間に突然，尾部を左右に振る自発的コイリング（spontaneous coiling）を始める（Saint-Amant and Drapeau, 1998）．したがって中枢から運動ニューロンを介して筋に至るまでの機能回路は 17 時間齢までに形成され機能し始める．自発的コイリングをする頻度は 19〜20 時間齢で 0.3〜1 Hz とピークに達するが，その後は徐々に低下し，27 時間齢までには 0.1 Hz 以下とほとんど観察されなくなる．後脳と脊髄の境界で胚を切断して胴部だけにしても，自発的コイリングは見られる．脊髄の第 5 体節領域で切断した胴体でも自発的コイリングが見られるが，第 10 体節領域で切断した胴体は動かないことから，この時期の自発的コイリングをつくり出す回路は脊髄内の第 5〜10 体節の領域にあるといえる（Downes and Granato, 2006；Pietri et al., 2009）．AMPA 受容体，

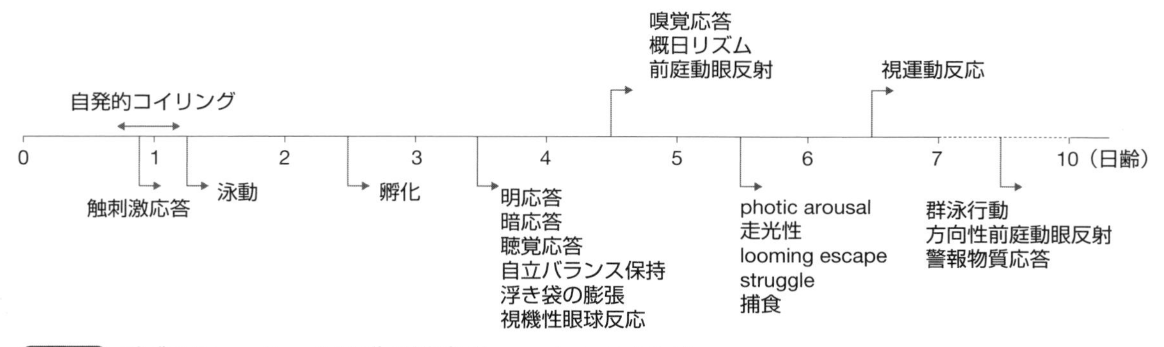

図6.1 ゼブラフィッシュの運動の発達（Fero et al., 2011 を改変）

NMDA受容体，グリシン受容体の阻害剤を作用させても自発的コイリングは観察されるが，ギャップジャンクションの阻害剤を作用させると消失することから，電気的カップリングによる神経ネットワークの協調的活性化が重要である（Saint-Amant and Drapeau, 2000；Downes and Granato, 2006；Pietri et al., 2009）．ゼブラフィッシュの骨格筋には遅筋（赤筋）と速筋（白筋）があり，遅筋が先に分化する．自発的コイリングの時期には速筋は未発達で，自発的コイリングは遅筋によって駆動される（Naganawa and Hirata, 2011）．自発的コイリングはヒトで見られる胎動と同じと考えられるが，母体外で発生するゼブラフィッシュで母性情動の確立に寄与するはずもなく，自発的コイリングの生物学的意義は不明である．ゼブラフィッシュに母性愛はとぼしく，メスは生んだ卵を見つけると食べてしまう．

6.3 触刺激応答

卵膜から取り出したゼブラフィッシュ胚をピンセットでつつくなど，触刺激を与えても21時間齢までは何の応答も示さないが，それ以降だと尾部を左右に振る触刺激応答（touch response）が見られる（Saint-Amant and Drapeau, 1998）．頭部や卵黄への触刺激は三叉神経の感覚ニューロンが受容し，胴部や尾部への触刺激はRohon-Beardニューロンが受容する．Rohon-Beardニューロンは魚類と両生類の脊髄に一過的に存在する一次感覚ニューロンであり，仔魚期にプログラム細胞死で消滅し，その機能は後根神経節の感覚ニューロンに引き継がれる（Roberts, 2000）．触刺激応答には感覚ニューロン→中枢→運動ニューロン→筋からなる感覚運動回路が必要で，ゼブラフィッシュはこれを21時間齢でひととおり完成させている．後脳と脊髄の境界で切断した胴部は触刺激に応答して動くことから，これに必要な神経回路は脊髄にある．さらに脊髄の頭部側第1〜10体節の領域を除くと段階的に触刺激応答が低下するので，この時期の触刺激応答をつくり出す神経回路は神経分化が早く進む頭部側の脊髄領域にある（Downes and Granato, 2006；Pietri et al., 2009）．触刺激応答はAMPA受容体の阻害剤を作用させると影響を受けるが，ギャップジャンクションの阻害剤を作用させても影響を受けないことから，触刺激応答の獲得に際して運動を制御する主要なシナプス伝達が電気シナプス型から化学シナプス型に移行すると考えられる（Saint-Amant and Drapeau, 2001；Downes and Granato, 2006；Pietri et al., 2009）．

触刺激に対する尾部の振りは21時間齢には1 Hzで見られるが，この時期は単に体を左右にくねらせているにすぎない．発生が進むにつれて尾部の振りの速さと回数は増し，26時間齢で7 Hzに達し，1回の触刺激で体長1つ分前方へ移動できるようになる．これを泳動の開始とみなす．このあとも尾部の振りの速さと回数は増大し，36時間齢で30 Hzに達する（図6.2）．ゼブラフィッシュの成魚は通常1〜30 Hzの振りで泳ぐので，ゼブラフィッシュは36時間齢までに成魚の運動能力の基本原理を構築できているといえる（Kyriakatos et al., 2011）．後脳と脊髄の境界で切断した胴体に触刺激を与えると前方へ泳いで逃げる．一方，脊髄の第5体節領域で切断した胴体は触刺激に応答するものの，尾の動きは1振り

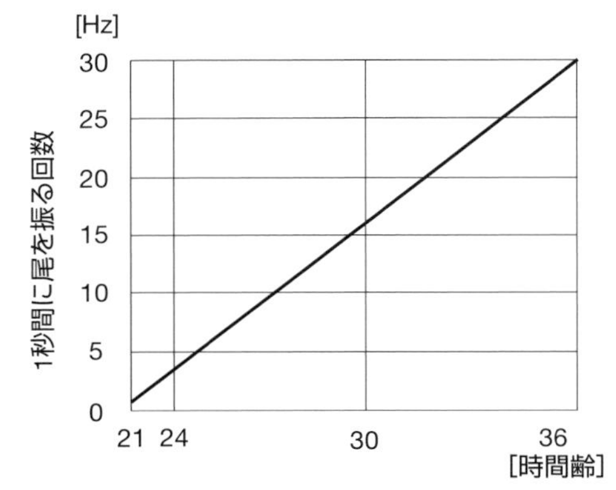

図6.2 ゼブラフィッシュの触刺激応答
（Saint-Amant and Drapeau, 1998を改変）

目だけで終わり，反対方向への2振り目以降はほとんど見られないが，切断から1時間経過すると泳動が回復する（Downes and Granato, 2006）．このことから，触刺激で誘発される泳動，つまり左右交互のロコモーションリズムの創生には脊髄が必要で，脊髄の神経分化にともなって獲得されると考えられる．筋に注目すると，24時間齢の触刺激応答は遅筋のみで行えるが，その後，速筋の分化が進み，48時間齢の触刺激応答では主に速筋が機能し，遅筋の寄与は小さくなる（Naganawa and Hirata, 2011）．ゼブラフィッシュは48～72時間齢で孵化するまで卵膜の中にいるので，それまでは野生でも触刺激に応答して泳動する必要はないだろうが，孵化後すぐに泳いで逃げられるように胚期に運動神経回路をチューンナップしているのであろう．

6.4 マウスナー細胞によるC-bend

ゼブラフィッシュは36時間齢からは触刺激に対して，また72時間齢からは聴覚刺激に対しても刺激から遠ざかる方向への逃避，つまり方向性のある応答をするようになる．この逃避は刺激方向から体をそらす方向転換と，その後の尾を左右交互に振る泳動の2つの要素からなる．前者の方向転換を規定する神経回路として，マウスナー細胞（Mauthner cell）を中心とした回路がよく研究されている（Korn and Faber, 2005）．マウスナー細胞は魚類と両生類の後脳第4分節，ちょうど左右の耳胞の間の吻部寄りに位置するニューロンで，他のニューロンと比べて細胞体が大きいことを特徴とする．軸索は正中線を越えた反対側で脊髄腹側を尾部方向に走行して運動ニューロンを含む多くのニューロンに投射する．脳の神経組織は手綱核など一部の例外を除き左右対称に構築されている（Aizawa et al., 2005）．マウスナー細胞は左右1対，つまり1個体に2個だけ存在するが，基本的には同時にはたらくことはなく，後述するように感覚入力を受けた側のマウスナー細胞だけが活動する．マウスナー細胞は正中線をはさんで反対側の運動ニューロンを一斉に活動させ，運動ニューロンは胴部の骨格筋を収縮させる．結局，感覚入力と反対側の骨格筋を一斉に収縮させることで，刺激から遠ざかるように体をひねる動きをする（図6.3）．このときゼブラフィッシュ仔魚を背側から見ると，アルファベットのCの字型に体をひねるので，この方向転換をC-bendあるいはC-startとよぶ．感覚ニューロンからマウスナー細胞を介して運動ニューロン，さらに筋までの機能回路はシナプス数が少なく，電気シナプスを利用している箇所もあるため，応答はきわ

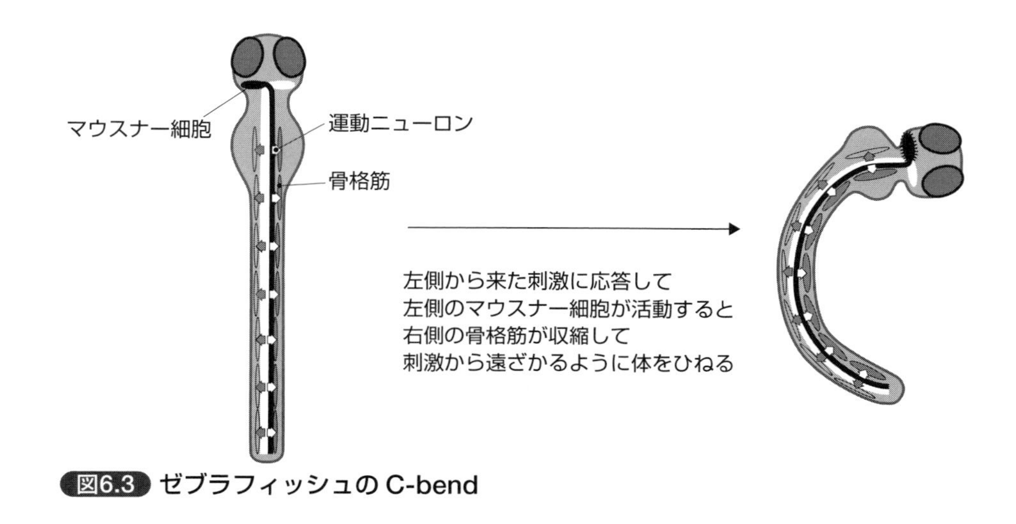

図6.3 ゼブラフィッシュのC-bend

めて速く，4日齢の仔魚は触刺激に対しても聴覚刺激に対しても10 ms以内に逃避を始める(Kohashi et al., 2012).

聴覚刺激によるC-bendを実行する神経回路を説明しよう（図6.4）．聴覚刺激とは振動であり，内耳にある有毛細胞の感覚毛が振動することで，聴覚刺激は受容される．音情報は聴神経（第VIII脳神経）を介して中枢に伝達される．聴神経はダイレクトにマウスナー細胞に投射し，興奮情報を伝達する．これによりマウスナー細胞は発火し，聴覚刺激と反対側の運動ニューロンを活動させる．運動ニューロンは同側つまり聴覚刺激と反対側の骨格筋を収縮させるので，刺激から遠ざかるように大きく体をひねるC-bendが実行される．このときもし，刺激と反対側のマウスナー細胞が同時に活動してしまうと，全身の筋が収縮して体が縮む動きになり，目的の方向転換ができなくなるので，マウスナー細胞は常に刺激側だけが活動しなくてはいけない．聴神経はフィードフォワード抑制性ニューロンにも投射しており，これが左右両方のマウスナー細胞に抑制性シナプス伝達をする（Koyama et al., 2016）．フィードフォワード抑制性ニューロンは刺激と同じ側のマウスナー細胞も抑制するので，刺激側のマウスナー細胞が活動しないようにも思えるが，聴神経からダイレクトにマウスナー細胞を興奮させる回路よりも1シナプス分抑制が遅れるので，マウスナー細胞は発火できる．後脳に存在する介在ニューロンであるT型網様体ニューロン（Ta1細胞とTa2細胞）が抑制性ニューロンを介して反対側のマウスナー細胞を抑制することも知られており，実際にこれらのニューロンを除去したゼブラフィッシュ仔魚では左右のマウスナー細胞が同時に活動してしまう（Shimazaki et al., 2019）．マウスナー細胞の下流として運動ニューロン以外にも頭部の中継ニューロンが知られており，これは反対側のフィードバック抑制性ニューロンを活動させ，マウスナー細胞に抑制性シナプス伝達をする

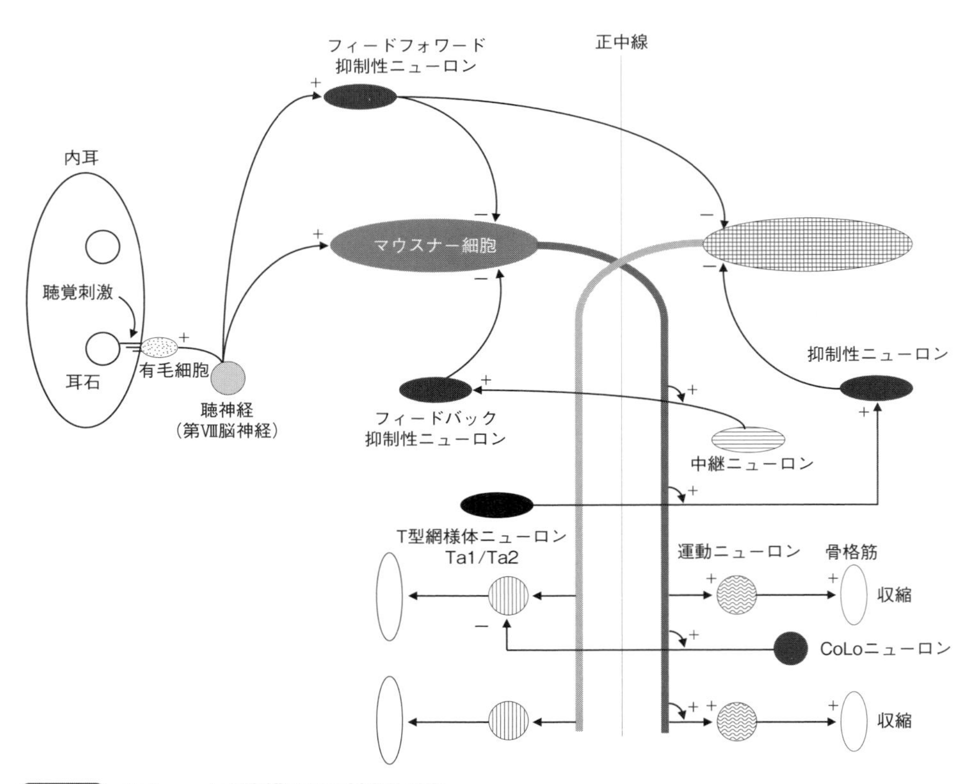

図6.4 C-bendを制御する神経回路

ことで，マウスナー細胞が連続発火しないようにする（Koyama et al., 2011）．このようにマウスナー細胞は多様な抑制入力を受けて左右の片方だけが，しかも1回だけ発火するように制御されている．

Commissural Local（CoLo）ニューロンは脊髄にあるが，泳動時にははたらかず，逃避のはじめのC-bendのときに活動する．CoLoはマウスナー細胞と電気シナプスを形成しており，マウスナー細胞の発火によってすみやかに活動させられると，反対側の運動ニューロン，CiD，CoLoを抑制する．したがって，逃避のはじめに方向転換をする際，仮に両方のマウスナー細胞がほぼ同じタイミングで発火したとしても，少しでも先に活動した方が反対側の運動ニューロンを活性化しつつ，CoLoを介して同側の運動ニューロンを抑制するので，確実にC-bendを行えるよう保証する（Satou et al., 2009）．

6.5 泳　動

触刺激や聴覚刺激に対する応答として，C-bendによる方向転換のあとに泳動が見られ，それには脊髄のニューロンが主要な役割を果たす．泳動とは左右交互に尾を振る，つまり左右交互に筋を収縮させる動きであり，そのために脊髄の運動ニューロンは左右交互に活性化される．この左右の活性化をロコモーションリズムという．左右の筋を交互に収縮させるだけではC-bendを左右で繰り返す動きになるので，ロコモーションリズムに加えて頭尾軸方向で活性化の時間差をつくることにより，魚はしなやかに尾を振り前方に進むことができる（Buss and Drapeau, 2001）．この頭尾軸方向の活性化の時間差は仔魚期には形成されているが，その機構はまだ解明されていない．

泳動を始めるための命令は中脳や後脳といった上位の神経回路から来る．中脳に位置するnucleus of the Medial Longitudinal Fasciculus（nMLF）というニューロン群をレーザー照射で破壊すると，泳動における尾の振りや持続が低下することから，nMLFが泳動の速度や持続時間を規定し，また姿勢の制御にも関わることが示されている（Severi et al., 2014；Thiele et al., 2014）．

脊髄の神経組織も脳と同様に左右対称に構築されており，軸索投射パターンや誕生時期により特徴づけられる多くのニューロンが存在する（表

表6.1 ゼブラフィッシュ仔魚の脊髄ニューロン

脊髄ニューロンの分類		仔魚の脊髄ニューロン
運動ニューロン（コリン作動性）		Primary motor (RoP, MiP, CaP, vRoP, dRop)
		Secondary motor (vS, dS, dvS, vmS, iS)
介在ニューロン	グルタミン酸作動性（興奮性）	Circumferential Descending (CiD)
		Multipolar Commissural Descending (MCoD)
		Unipolar Commissural Descending (UCoD)
		Commissural Primary Ascending (CoPA)
		Commissural Secondary Ascending (CoSA)
	グリシン作動性（抑制性）	Circumferential Ascending (CiA)
		Commissural Longitudinal Bifurcating (CoBL)
		Commissural Secondary Ascending (CoSA)
		Commissural Longitudinal Ascending (CoLA)
		Commissural Local (CoLo)
	GABA作動性（抑制性）	Dorsal Longitudinal Ascending (DoLA)
		Kolmer-Agduhr (KA)

CoSAにはグルタミン酸作動性とグリシン作動性のサブタイプがある．

6.1；Higashijima et al., 2004；Goulding, 2009；Berg et al., 2018）．筋収縮を指令する運動ニューロンは早期に誕生する一次運動ニューロン（primary motor neuron）と遅れて誕生する二次運動ニューロン（secondary motor neuron）に大別される（図6.5）．一次運動ニューロンは Rostral Primary（RoP），Middle Primary（MiP），Caudal Primary（CaP）の3種類が各体節領域に1つずつあり，いずれも細胞体が大きく，それぞれ異なる領域の筋に投射する．これらに加えて ventrally projecting Rostral Primary（vRoP），dorsally projecting Rostral Primary（dRoP）も一次運動ニューロンに分類される．二次運動ニューロンは細胞体が小さく，投射する筋領域の違いにより，ventrally projecting Secondary（vS），dorsally projecting Secondary（dS），dorsoventrally projecting Secondary（dvS），ventromedial Secondary（vmS），intermyotomal Secondary（iS）に分類される（Asakawa et al., 2013）．仔魚がゆっくり泳動する場合には二次運動ニューロンが使われるが，二次運動ニューロンの中でも腹側に位置するものがまず活性化される（図6.6；McLean et al., 2007）．泳動のスピードが上がるにつれ，より背側にある二次運動ニューロンが活性化され，さらに一次運動ニューロンも活性化される．この泳動速度による背腹軸に沿った運動ニューロンの動員は成魚でもおおむね保存されており，遅い泳動では体表近くにある遅筋が使われ，速い泳動では深部にある速筋も使われる（Ampatzis et al., 2013）．

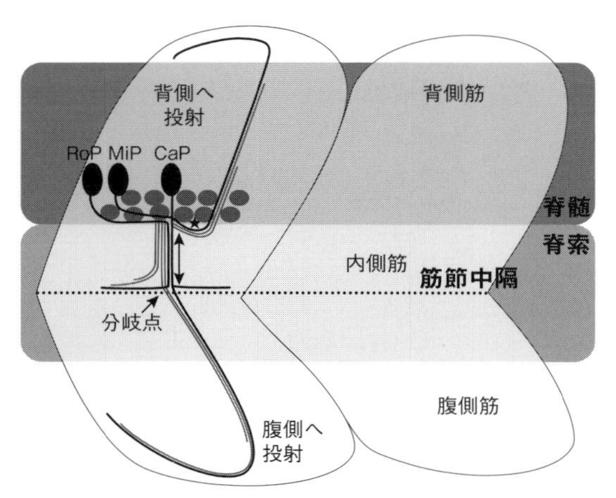

図6.5 ゼブラフィッシュ仔魚の運動ニューロン
（Ott et al., 2001 を改変）
胴部では前後軸に沿って約30個の体節がある．各体節に RoP，MiP，CaP の一次運動ニューロン（濃い灰色）が1つずつあり，それぞれ体節の異なる領域の筋に投射する．二次運動ニューロン（薄い灰色）は多数ある．vRoP と dRoP は省略している．

泳動に関わる脊髄の介在ニューロンも多数同定されている．ヤツメウナギやオタマジャクシを用いたロコモーションリズムの先行研究から，V2a ニューロンが運動ニューロンを興奮させることが知られていたが，ゼブラフィッシュ仔魚では Circumferential Descending（CiD）として知られるニューロンが V2a であり，ロコモーションリズムの生成に必要である．CiD には腹側に位置するもの（vCiD），背側に位置するもの（dCiD），さらに背側に位置するもの（disCiD）がある．遅い泳動では vCiD が腹側の二次運動ニューロンを活性化するのに対し，速い泳動では dCiD が背側の二次運動ニューロンを，さらに disCiD が一次運動ニューロンを活性化する（Svara et al., 2018）．CiD から運動ニューロンへのシナプス伝達はグルタミン酸を用いる化学シナプスと電気シナプスを併用している．運動ニューロンは電気シナプスを介して CiD の活動を制御できることから，単なる出力ニューロンではなく，ロコモーションリズムの生成にも関わっている（Song et al., 2016）．仔魚にドーパミンを投与して Ipsilateral Cauda（IC）neuron の活動を阻害するとロコモーションリズムに異常が出るので，IC もロコモーションリズムの生成に関与する（Tong and McDearmid, 2012）．

正中線を越えて反対側に投射する交連ニューロン（commissural neuron）である Multipolar Commissural Descending（MCoD）や Commissural Longitudinal Bifurcating（CoBL）も運動ニューロンを制御し，ロコモーションリズムの生成に寄与する（McLean et al., 2007）．遅い泳動では MCoD が反対側の腹側の二次運動ニューロンの活動を高めるが，泳動のスピードが上がると，MCoD は抑制される．CoBL は遅い泳動でははた

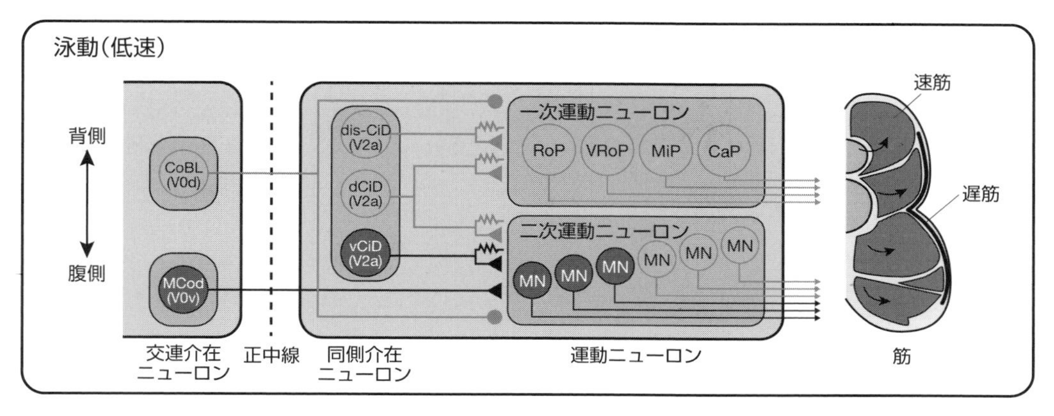

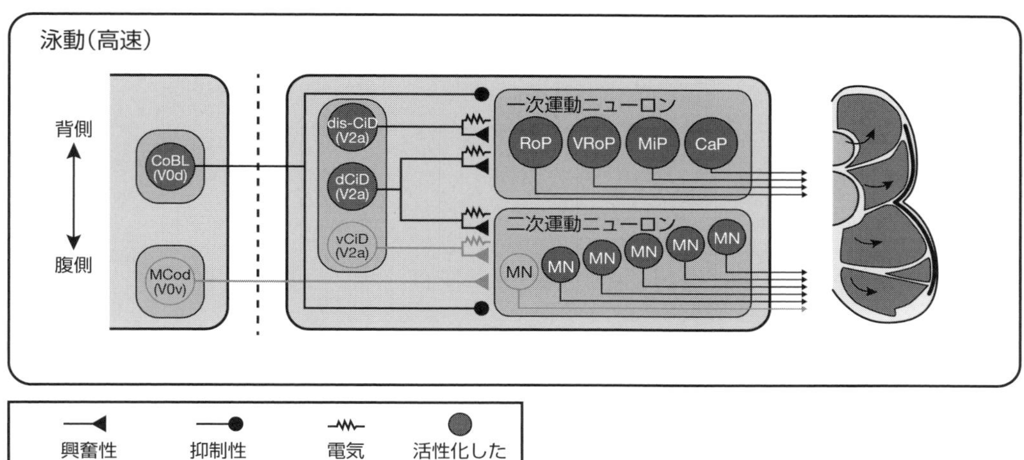

図6.6 ロコモーションリズムを制御する神経回路（Berg et al., 2018 を改変）

らかないが，速い泳動では活性化され，反対側の運動ニューロンの活動を抑える．

6.6 仔魚の運動のレパートリー

ゼブラフィッシュ仔魚は3〜4日齢になると，触刺激や聴覚刺激以外にもさまざまな感覚入力に応答するようになり，またその運動出力も多様になる．以下の運動が報告され，命名されている（図6.7；表6.2）．

前方への移動には3つの動きがある．slow swim あるいは scoot とよばれる運動は，遅いビートで尾部を左右に振る泳動で，平常時の前方への移動は主にこれによる．1回の slow swim で移動する距離は短い（Budick and O'Malley, 2000；Burgess and Granato, 2007a）．burst swim は slow swim よりも速いビートで尾部を大きく左右に振って推進力を得る泳動である．速く泳ぐときに使い，泳動の持続時間も長い（Müller and van Leeuwen, 2004）．slow swim と burst swim では尾部の動きにおける振幅と周波数が明らかに異なるが，それを駆動する運動ニューロンの数も burst swim の方が多い（McLean et al., 2007）．capture swim は餌を捕食するときの前方への突進に使われる（Borla et al., 2002）．餌を食べたら左右の胸鰭を伸ばしてブレーキをかけて止まるので，capture swim の持続時間は 50 ms 以下と短い．

体の向きを変える方向転換には 5 つの動きがある．routine turn は平常時に見られるもので，体の向きを 40° 変えることができる．平常時以外の方向転換とは，感覚入力を受けた際に見られるものである（Budick and O'Malley, 2000；McElligott and O'Malley, 2005；Burgess and Granato, 2007a）．強い聴覚刺激や触刺激に対しては仔魚は 6 ms 以内に，刺激の方向から大きく体をそらす Short Latency C-bend（SLC）をする．SLC はマウスナー細胞によって駆動され，その角速度は大きい（Kimmel et al., 1974；Eaton et al., 1977；Burgess and Granato, 2007b；Kohashi et al., 2012）．一方で，弱い聴覚刺激による方向転換では動き始めるまでの時間が長く，角速度の低い C-bend である Long Latency C-bend（LLC）をする．LLC はマウスナー細胞をレーザーで除去した仔魚でも見られることから，マウスナー細胞を使わない逃避であり，代わりにマウスナー細胞よりも尾部側にある MiD3 cm 細胞が使われる（Burgess and Granato, 2007b；Kohashi and Oda, 2008）．突然暗くなるという視覚刺激を与えると，仔魚は C-bend よりも大きく体をひねる O-bend という方向転換をする．これは角速度の低い動きが長時間持続することで，尾部が頭部の近くまで来て O 字型になることに由来する（Burgess and Granato, 2007a）．仔魚は餌を捕食する際に餌の方向を向く必要がある．大きく体をひねると目立つので，尾部を J 字型にして片側に小刻みに振る J-turn を行い，方

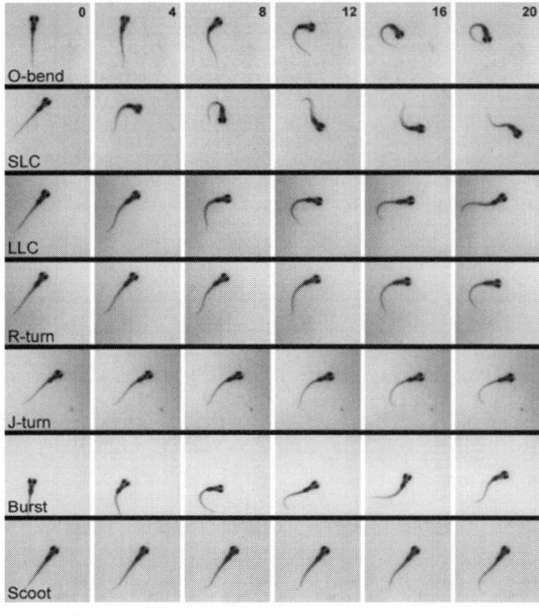

図6.7 ゼブラフィッシュ仔魚の運動
（Fero et al., 2011）
仔魚はさまざまな状況で異なる運動をするが，それぞれ命名されている．

表6.2 ゼブラフィッシュ仔魚（5〜7 dpf）で命名された運動（Fero et al., 2011 を改変）

運動	刺激	文献
slow swim（scoot）	なし（自発的）	Budick and O'Malley, 2000；Müller and van Leeuwen, 2004；Burgess and Granato, 2007a
burst swim	敵が迫ってくるとき	Budick and O'Malley, 2000；Thorsen et al., 2004
capture swim	餌を捕食するとき	Borla et al., 2002
J-turn	餌を捕食するとき	McElligott and O'Malley, 2005
O-bend	暗くなったとき	Burgess and Granato, 2007a
routine turn（R-turn）	自発的，方向調整	Budick and O'Malley, 2000；McElligott and O' Malley, 2005；Burgess and Granato, 2007a
Short Latency C-bend（SLC）	聴覚刺激，触刺激	Kimmel et al., 1974；Eaton et al., 1977；Burgess and Granato, 2007b
Long Latency C-bend（LLC）	聴覚刺激	Burgess and Granato, 2007b
struggle	ゲルに包埋されたとき	Liao and Fetcho, 2008

向転換をする．J-turnでは後方に下がる動きも同時に含まれる（McElligott and O'Malley, 2005）．J-turnのあとは餌に向かってcapture swimをして餌を捕食する．

生きた魚を手で捕まえると，魚は手からすり抜けようとしてもがく．魚の尾部側をつかんでいる場合は前進型の動きで逃げようとし，逆に頭部側をつかんでいる場合は後退型の動きで逃げようとする．仔魚も捕まったときに後退型の動きをすることがあり，これをstruggleという．体を左右に大きく振る運動だが，動きが尾部側から頭部側に向かうことを特徴とする（Liao and Fetcho, 2008）．仔魚は小さいので手で捕まえることはできず，動きを封じるために低融点アガロースゲルに包埋する際にstruggleを見ることができる．

以上のようにゼブラフィッシュの運動に特徴的な命名がされているが，自発的コイリングとC-bend以外は皆が使う確立されたものではないので，今後，運動レパートリーとして命名が再編される可能性もある．また，昔から知られるマウスナー細胞を筆頭に，C-bendや泳動に必須の介在ニューロンも近年同定が進みつつあり，今後の全容解明が期待される．〔平田普三〕

>>> 引用文献

Aizawa, H. et al., Laterotopic representation of left-right information onto the dorso-ventral axis of a zebrafish midbrain target nucleus, *Curr. Biol.*, **15** (3), 238-43 (2005).

Ampatzis, K. et al., Pattern of innervation and recruitment of different classes of motoneurons in adult zebrafish, *J. Neurosci.*, **33** (26), 10875-86 (2013).

Asakawa, K. et al., Cellular dissection of the spinal cord motor column by BAC transgenesis and gene trapping in zebrafish, *Front Neural Circuits*, **7**, 100 (2013).

Berg, E. M. et al., Principles governing locomotion in vertebrates: lessons from zebrafish, *Front Neural Circuits*, **12**, 73 (2018).

Borla, M. A. et al., Prey capture by larval zebrafish: evidence for fine axial motor control, *Brain Behav. Evol.*, **60** (4), 207-29 (2002).

Budick, S. A. and D. M. O'Malley, Locomotor repertoire of the larval zebrafish: swimming, turning and prey capture, *J. Exp. Biol.*, **203** (Pt17), 2565-79 (2000).

Burgess, H. A. and M. Granato, Modulation of locomotor activity in larval zebrafish during light adaptation, *J. Exp. Biol.*, **210**, 2526-39 (2007a).

Burgess, H. A. and M. Granato, Sensorimotor gating in larval zebrafish, *J. Neurosci.*, **27** (18), 4984-94 (2007b).

Buss, R. R. and P. Drapeau, Synaptic drive to motoneurons during fictive swimming in the developing zebrafish, *J. Neurophysiol.*, **86** (1), 197-210 (2001).

Downes, G. B. and M. Granato, Supraspinal input is dispensable to generate glycine-mediated locomotive behaviors in the zebrafish embryo, *J. Neurobiol.*, **66** (5), 437-51 (2006).

Eaton, R. C. et al., Functional development in the Mauthner cell system of embryos and larvae of the zebra fish, *J. Neurobiol.*, **8** (2), 151-72 (1977).

Fero, K. et al., The behavioral repertoire of larval zebrafish, in A. V. Kalueff and J. M. Cachat eds., *Zebrafish Models in Neurobehavioral Research*, pp.249-91, Humana Press (2011).

Goulding, M., Circuits controlling vertebrate locomotion: moving in a new direction, *Nat. Rev. Neurosci.*, **10** (7), 507-18 (2009).

Higashijima, S. et al., Neurotransmitter properties of spinal interneurons in embryonic and larval zebrafish, *J. Comp. Neurol.*, **480** (1), 19-37 (2004).

Kimmel, C. B. et al., The development and behavioral characteristics of the startle response in the zebra fish, *Dev. Psychobiol.*, **7** (1), 47-60 (1974).

Kimmel, C. B. et al., Stages of embryonic development of the zebrafish, *Dev. Dyn.*, **203** (3), 253-310 (1995).

Kohashi, T. and Y. Oda, Initiation of Mauthner- or non-Mauthner-mediated fast escape evoked by different modes of sensory input, *J. Neurosci.*, **28** (42), 10641-53 (2008).

Kohashi, T. et al., Effective sensory modality activating an escape triggering neuron switches during early development in zebrafish, *J .Neurosci.*, **32** (17), 5810-20 (2012).

Korn, H. and D. S. Faber, The Mauthner cell half a century later: a neurobiological model for decision-making? *Neuron*, **47** (1), 13-28 (2005).

Koyama, M. et al., Mapping a sensory-motor network onto a structural and functional ground plan in the hindbrain, *Proc. Natl. Acad. Sci. U S A*, **108** (3), 1170-5 (2011).

Koyama, M. et al., A circuit motif in the zebrafish hindbrain for a two alternative behavioral choice to turn left or right, *Elife*, **5** e16808 (2016).

Kyriakatos, A. et al., Initiation of locomotion in adult zebrafish, *J. Neurosci.*, **31** (23), 8422-31 (2011).

Liao, J. C. and J. R. Fetcho, Shared versus specialized glycinergic spinal interneurons in axial motor circuits of larval zebrafish, *J. Neurosci.*, **28** (48), 12982-92 (2008).

McElligott, M. B. and D. M. O'Malley, Prey tracking by larval

zebrafish: axial kinematics and visual control, *Brain Behav. Evol.*, **66** (3), 177-96 (2005).
McLean, D. L. et al., A topographic map of recruitment in spinal cord, *Nature*, **446** (7131), 71-5 (2007).
Müller, U. K. and J. L. van Leeuwen, Swimming of larval zebrafish: ontogeny of body waves and implications for locomotory development, *J. Exp. Biol.*, **207** (Pt5), 853-68 (2004).
Naganawa, Y. and H. Hirata, Developmental transition of touch response from slow muscle-mediated coilings to fast muscle-mediated burst swimming in zebrafish, *Dev. Biol.*, **355** (2), 194-204 (2011).
Ott, H. et al., Function of neurolin (DM-GRASP/SC-1) in guidance of motor axons during zebrafish development, *Dev. Biol.*, **235** (1), 86-97 (2001).
Parichy, D. M. et al., Normal table of postembryonic zebrafish development: staging by externally visible anatomy of the living fish, *Dev. Dyn.*, **238** (12), 2975-3015 (2009).
Pietri, T. et al., Glutamate drives the touch response through a rostral loop in the spinal cord of zebrafish embryos, *Dev. Neurobiol.*, **69** (12), 780-95 (2009).
Roberts, A., Early functional organization of spinal neurons in developing lower vertebrates, *Brain Res. Bull.*, **53** (5), 585-93 (2000).
Saint-Amant, L. and P. Drapeau, Time course of the development of motor behaviors in the zebrafish embryo, *J. Neurobiol.*, **37** (4), 622-32 (1998).
Saint-Amant, L. and P. Drapeau, Motoneuron activity patterns related to the earliest behavior of the zebrafish embryo, *J. Neurosci.*, **20** (11), 3964-72 (2000).
Saint-Amant, L. and P. Drapeau, Synchronization of an embryonic network of identified spinal interneurons solely by electrical coupling, *Neuron*, **31** (6), 1035-46 (2001).
Satou, C. et al., Functional role of a specialized class of spinal commissural inhibitory neurons during fast escapes in zebrafish, *J. Neurosci.*, **29** (21), 6780-93 (2009).
Severi, K. E. et al., Neural control and modulation of swimming speed in the larval zebrafish, *Neuron*, **83** (3), 692-707 (2014).
Shimazaki, T. et al., Behavioral role of the reciprocal inhibition between a pair of mauthner cells during fast escapes in zebrafish, *J. Neurosci.*, **39** (7), 1182-94 (2019).
Song, J. et al., Motor neurons control locomotor circuit function retrogradely via gap junctions, *Nature*, **529**, 399-402 (2016).
Svara, F. N. et al., Volume EM reconstruction of spinal cord reveals wiring specificity in speed-related motor circuits, *Cell Rep.*, **23** (10), 2942-54 (2018).
Thiele, T. R. et al., Descending control of swim posture by a midbrain nucleus in zebrafish, *Neuron*, **83** (3), 679-91 (2014).
Thorsen, D. H. et al., Swimming of larval zebrafish: fin-axis coordination and implications for function and neural control, *J. Exp. Biol.*, **207** (Pt24), 4175-83 (2004).
Tong, H. and J. R. McDearmid, Pacemaker and plateau potentials shape output of a developing locomotor network, *Curr. Biol.*, **22** (24), 2285-93 (2012).
Winata, C. L. et al., Development of zebrafish swimbladder: the requirement of Hedgehog signaling in specification and organization of the three tissue layers, *Dev. Biol.*, **331** (12), 222-36 (2009).

第7章 仔魚の行動

7.1 仔魚の行動の概要

ゼブラフィッシュは，外界の光，動き，物体などの視覚情報に対してさまざまな応答を示すが，光に対する応答が始まる発生時期は驚くほど早い．たとえば，22時間齢にかけてコイリングという自発的運動（左右の体節で規則正しく交互に起こる筋収縮）が見られ，網膜神経節細胞が視蓋に軸索投射する前，つまり目が見えていない時期であるにもかかわらず，光を当てるとこのコイリングは強く抑制される．ちなみにこれは脊髄ニューロンに発現する特別なオプシンを介した反応であることがわかっている（Friedmann et al., 2015）．受精30時間頃の時期には，暗いところに順応させたゼブラフィッシュ胚に明るい光を当てると，強い運動が一過的に引き起こされるが，これは後脳に存在する光受容性の神経細胞が関与している（Kokel et al., 2013）．受精後3日目には網膜神経節細胞の軸索投射は視蓋へ達しており，受精4～5日齢になるとよく発達した視覚系のおかげで，視覚情報に依存したさまざまな行動を示すようになる．このような特徴から，仔魚の視覚依存的行動を利用した大規模スクリーニングによる視覚機能変異体の単離が行われ，視覚機能に異常をもつ変異体が多数，単離同定されてきた（Muto et al., 2005）．また，3週齢以降には，視覚情報が関与する連合学習も見られる．ゼブラフィッシュは概日周期もあり，昼行性の動物である．そのため，視覚情報に大きく依存する動物行動を研究対象とする場合には，夜行性の遺伝学モデル動物マウスを用いるよりも，より興味深い行動が観察できる可能性がある．

この章では，ゼブラフィッシュで確立されているさまざまな視覚依存性行動を紹介する．また，脳が透明な仔魚の利点として，行動中の神経活動を可視化できるということがあげられる．神経活動と行動とを結びつけることは神経科学の中心的な課題であることから，行動中のゼブラフィッシュ仔魚の神経活動を可視化した例もあわせて紹介したい．

7.2 視覚に依存する行動

7.2.1 視機性眼球運動（OKR）

視機性眼球運動（Optokinetic Response：OKR）は，視野内の大きな動きに反応して眼球がその動きと同じ方向に追従する運動である．網膜に映る外界の像のずれを補正する方向に眼球を動かす反射運動とされる．ヒトの場合，電車で窓の外を眺めている人の眼球を観察すると，流れていく景色に対して反射的に眼球が追従する様子としてOKRを観察できる．また，眼球が目の端までいくと眼球位置をすばやく戻すサッケードという運動が生じるので，OKRは追従とサッケードの繰り返しとして観察される．

ゼブラフィッシュの仔魚でOKRを測定するためには体を固定して眼球だけを動かせる状態にする必要がある．簡便な固定方法として，2～3%メチルセルロース溶液に仔魚を埋める手法が使われる．この状態では仔魚の体はしっかり固定され，眼球だけが動くことができる．OKRを誘導する視覚刺激（optokinetic stimulation）としては，内側の壁に白黒の縦縞を表示したドラムを仔魚のまわりで回転させる装置が使われる．このドラムを回す装置は市販されていないため，研究者が自作する必要がある（**図7.1**；Muto et al,

2017）．OKR を誘導する刺激装置のほかの例としては，ドラムの内壁にプロジェクターによって投影した縦縞模様を PC アニメーションとして動かすという方法もある（Muto et al., 2005）．

OKR は非常に再現性の高い反応である．単に視覚系が機能しているかを確認したいだけなら，実体顕微鏡で眼球を肉眼観察しながら時間あたりの眼球のサッケードの回数を数えればよい．あるいはビデオカメラを実体顕微鏡にセットしてモニターを通して観察すればよい（Brockerhoff, 2006）．一方，視覚機能が部分的に低下して OKR が減弱しているなど，OKR を定量評価したい場合には，ビデオカメラによる眼球運動の動画記録と解析が必要になる．後述の ImageJ を用いた解析で正常個体で眼球角度の経時変化をグラフにすると，のこぎり型のグラフになる（図 7.2）．傾きがゆるやかな部分は追従運動，急な部分はサッケードであり，この 2 つのフェーズが繰り返される．OKR に異常がある個体は波形や周期に異常があらわれる．

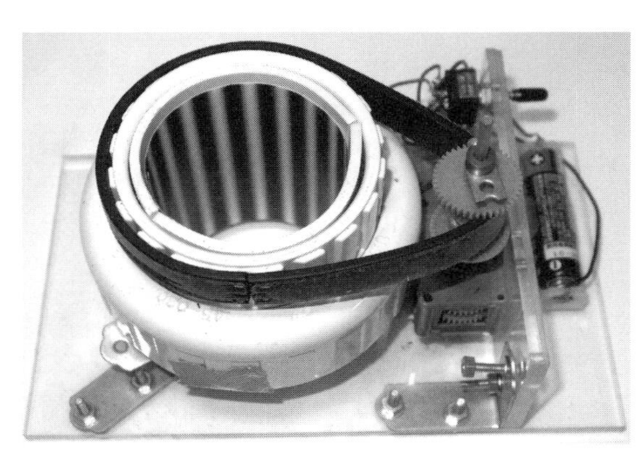

図7.1 OKR 刺激装置（Muto et al., 2017）
プラモデルメーカーとして有名な（株）タミヤの「楽しい工作シリーズ」No. 93 の「3 速クランクギヤーボックスセット」を用いて自作した OKR 刺激装置である．ドラムはゼブラフィッシュの飼育システムの配管のジョイントをベルトで回すことにより回転させられる．ドラムの内壁には白黒の縦縞を印刷した紙を貼りつけている．ゼブラフィッシュ仔魚をメチルセルロースに埋めた 35 mm ディッシュをドラムの内部に置き，上から実体顕微鏡で眼球の動きを観察できる．

7.2.2 視運動（OMR）

自然界で魚が水流に流されると景色全体が逆方向（遠ざかる方向）に動くが，魚は流されないように，つまり景色に追従するように流れに逆らって泳ぐ．この視覚依存的な運動を視運動（Optomotor Response：OMR）という（この場合は，流れの上流に向かって泳ぐ行動，走流性（rheotaxis）も同時に生じている）．実験室における OMR ではゼブラフィッシュ仔魚を自由に遊泳できる状態に置き，水槽下のモニターで前方向に遠ざかる縞模様を見せると，動く縞模様に追いつこうと前方に泳ぐ．前述の OKR がきわめて再現性が高い運動であるのに対し，OMR は個体間のばらつきや，試行ごとのばらつきが大きい．したがって定量的な測定と統計解析が重要になる．OMR を動画記録し，経時変化から泳動速度，順方向への泳動時間，滞在場所などを解析する（図 7.3；Muto et al., 2005）．

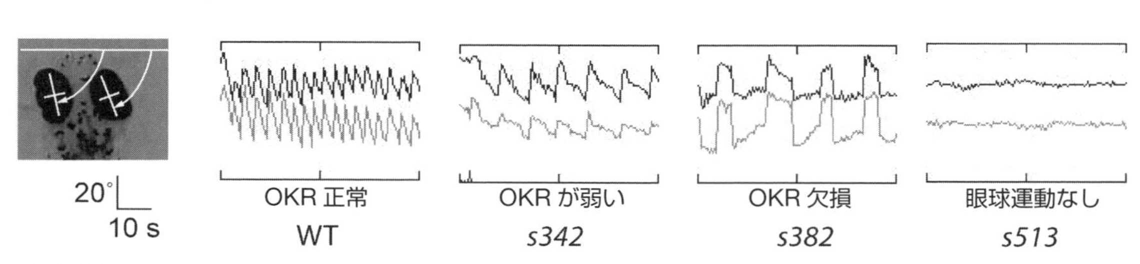

図7.2 OKR における眼球運動の時間変化（Muto et al., 2005 を改変）
眼球の長軸と仔魚の左右軸との交差角度の時間変化を左右の目それぞれでグラフにしている．OKR が弱いと角度変化がゆるやかになり周期も長くなる（*s342* 変異体）．OKR が欠損すると眼球がランダムに動き，周期もなくなる．ただし，左右の眼球は共役して動いている（*s382* 変異体）．眼球運動そのものが欠損すると，眼球の角度変化がなくなる（*s513* 変異体）．

7.2.3 摂食行動

ゼブラフィッシュ仔魚は3日齢で孵化し，4日齢では背を上にした自立的な泳動を始め，餌を見つければそれを食べる捕食行動を示す．気泡など餌ではない物体に対しても捕食行動をとることから，視覚情報に基づいた捕食行動の開始は生得的に脳に備わった機構と考えられる（Muto et al., 2017）．実験室においてはゼブラフィッシュ仔魚の餌（獲物）としてゾウリムシを用いた捕食行動がよく研究されている．

摂食行動を定量的に観察するには捕食行動の回数を計数する方法と，摂食により体内に取り込まれた餌の量を測定する方法（Jordi et al., 2015）が考えられる．前者に関しては，捕食行動の成功と失敗の判別が難しいため代替案として，ゾウリムシの数の減少を記録するのが簡便な方法である．捕獲行動そのものではなくゾウリムシの数を数えるのであれば，ImageJ の Particle Analysis 機能を利用した自動計測が可能である（図7.4）．5〜6日齢の野生型仔魚は1匹で10分間に20〜50匹程度のゾウリムシを捕食する．

ゼブラフィッシュをモデル動物として脳の研究を行う最大の利点は，仔魚の脳が透明なことを活かした神経活動の可視化と行動観察の2つを同時に行えることにある．ただし，神経細胞の観察中に仔魚が動くと画像がぶれるため，自由行動中の神経細胞の活動をすべての時間を通してイメージ

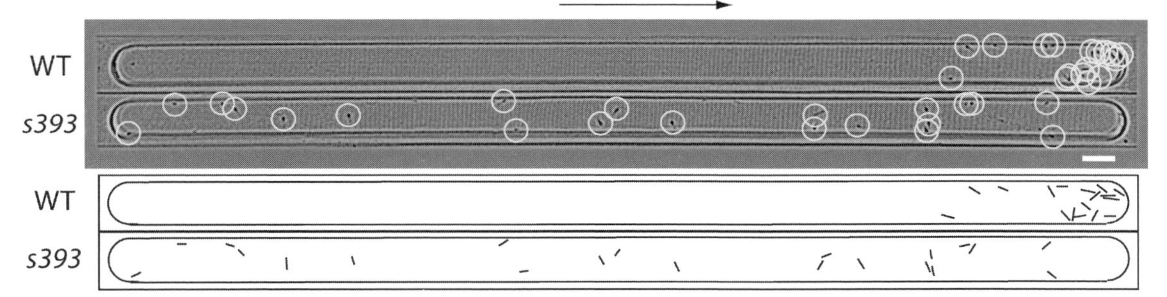

図7.3 OMR 実験（Muto et al., 2005 を改変）

ゼブラフィッシュ仔魚を泳がせる透明アクリル製の細長いトラックの下側に PC ディスプレイを配置し，白黒の縞模様が右方向に動くように見せた．野生型仔魚（WT）はその縞模様の動きに追従し右方に泳ぎ，右端へ集まっている．OMR を示さない変異体（*s393*）はトラック内で均一に分布している．上側は生画像（仔魚の位置を○で囲んである），下側は画像を二値化して仔魚の位置（黒い短い線分）を示したもの．

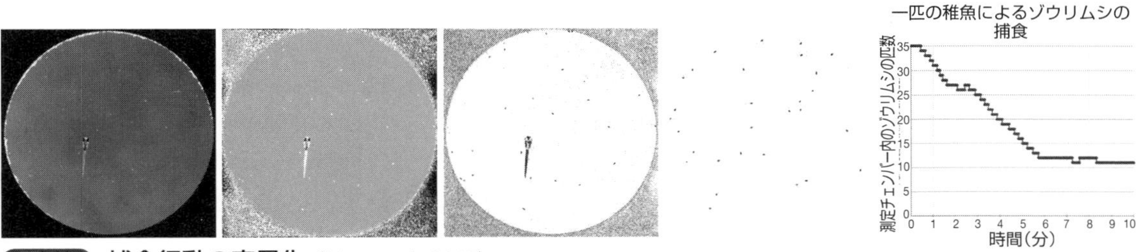

図7.4 捕食行動の定量化（Muto et al., 2017）

直径 20 mm，深さ 2.5 mm の測定チェンバー（Grace Bio-Labs 社の CoverWell™ Imaging Chambers PCI-A-2.5）に1匹のゼブラフィッシュ仔魚（5日齢）と，30〜40匹のゾウリムシを入れてカバーガラスを上にかけて11分間動画記録を行う．左からオリジナル画像，背景画像で画素値ごとに除算した画像，二値化した画像，ImageJ の Particle Analysis 機能で粒子サイズを定義してゾウリムシのみを抽出した画像．右のグラフはゾウリムシの数の経時変化だが，自動計算によるノイズを減らすために1分ごとに平均化している．

ングすることは難しい．幸いなことに，ゼブラフィッシュは仔魚の時期は間欠的に動くという特徴があり，低倍率の対物レンズを用いた蛍光正立顕微鏡観察で停止中の時間に限定するなら，カルシウム感受性蛍光タンパク質 GCaMP を用いた脳活動の検出が可能である．仔魚が z 軸方向に動くことによるピントのずれは 0.8 mm 厚（4〜7 日齢の仔魚の場合）のチェンバーを使うという工夫により抑制できる（Muto et al., 2013；Muto and Kawakami, 2016；Muto et al., 2017）．このような方法を用いて，自由泳動における視床下部下葉（魚類における摂食中枢）の神経活動が，餌であるゾウリムシにねらいを定めてから高まることが可視化されている（図 7.5）．自由行動中の仔魚を用いたカルシウムイメージングは，解析の際に動きに由来するアーチファクトが避けられないた

コラム ImageJ を用いた OKR の解析

ImageJ はアメリカ国立衛生研究所（NIH）のウェイン・ラスバンド（Wayne Rasband）が開発したパブリックドメインの（無料で利用可能な）画像処理ソフトウェアで，多彩な動画・画像の解析を可能にしてくれる．拡張性も高く，ここでは Moment Calculator というプラグインを利用した OKR の眼球位置（角度）の自動計算を紹介する．

実体顕微鏡下で OKR を動画記録する際，透過光の照明を強くすると，黒い色素を多く含む眼球に対してほかの組織は薄い色になるので，階調値の違いを利用して背景と眼球を完全に分離して二値化することができる．眼球の角度は，眼の領域の重心まわりのモーメントを計算することにより，求められる（計算式は，たとえば O'Gorman et al. eds, 2008 を参照のこと）．

①ImageJ（https://imagej.nih.gov/ij/）を自分の PC にインストールしておく．

②モーメントの計算を行うためのプラグイン Moment_Calculator.class を https://imagej.nih.gov/ij/plugins/moments.html からダウンロードして，ImageJ のプラグインフォルダ内に入れておく．

③ImageJ を起動させ，解析したい白黒ムービーデータを開く．

④メニューから [Image] ⇒ [Adjust] ⇒ [Threshold...] と選んで画像を二値化する．

⑤[Analyze] ⇒ [Analyze Particles...] で眼球のみが抽出できるように面積（Size）の範囲を設定し，プルダウンメニューでは [Show: Masks] を選んでおく．実行（[OK] をクリック）すると，眼球のみが抽出できる（図）．

⑥Moment_Calculator を使用するための準備として，[Image] ⇒ [Crop] により，片方の眼球の部分のみを抽出する．

⑦[Plugins] ⇒ [Moment Calculator] と選び，プラグインを実行する．Set Spatial Moments というウインドウが現れるので，[Orientation] にチェックを入れて [OK] ボタンを押す．

⑧Results ウインドウの Orient. のカラムに角度（°）が表示されるので，[File] ⇒ [Save as...] で保存し，エクセルなどでグラフを描く．他方の眼球に関しても同様に処理する．

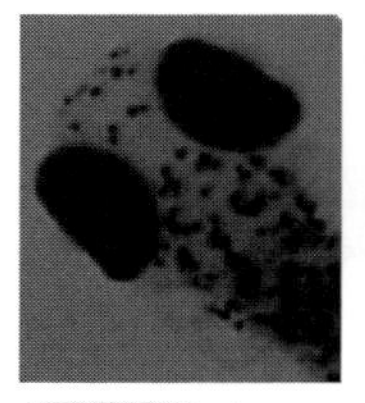

図 ImageJ を用いた画像処理
仔魚頭部の画像，二値化画像，粒子解析（Particle Analysis）で面積の範囲を設定して眼球部分のみを抽出した画像．

め，神経活動の精緻な解析を行うためにはアガロースに固定した条件でのカルシウムイメージングを行う必要がある（Muto and Kawakami, 2018）.

7.2.4 ゼブラフィッシュ仔魚の連合学習

パブロフの犬としてよく知られる，2つの異なる感覚情報を関連づける古典的条件づけや，自分の行動の結果が報酬や罰につながることに基づいて行動を学習するオペラント条件づけは，ゼブラフィッシュでも観察される．Valenteらは，視覚刺激（条件刺激：CS）と電気ショック（無条件刺激：US）を組み合わせた実験をゼブラフィッシュ仔魚・稚魚を用いて行い，古典的条件づけは4週齢から，オペラント条件づけは3週齢から見られることを報告している（Valente et al., 2012）．記憶学習研究におけるゼブラフィッシュ仔魚・稚魚の有用性への期待は高い．なお，何週齢から記憶学習が生じるかに関しては，給餌条件などが体長の成長速度に影響するほか，CS，USとしてどのような感覚情報を組み合わせるかでも変わってくる．もう1点，留意すべきこととして，ゼブラフィッシュ仔魚は主に皮膚呼吸により酸素を得ているためアガロースに埋めて長時間実験を行うことが可能なのに対し，3～4週齢の稚魚になると鰓呼吸に転換しており，アガロースに埋めた状態で長時間生かしておくことはできない．そのため，アガロースに固定したゼブラフィッシュ稚魚を使う場合，酸素の供給方法を工夫する必要がある．松田らは酸素ガスをアガロースに埋まった稚魚のごく近傍に直接導入し，この問題に対処している（Matsuda et al., 2017）.

この方法により，アガロースに包埋した3週齢のゼブラフィッシュに視覚刺激（LED光の消灯）を与えたあとに電気ショックを与えることを繰り返すと，光刺激を与えただけで心拍数が低下することが観察され，古典的条件づけが3週齢のゼブラフィッシュで生じることが確認された（図7.6；Matsuda et al., 2017）.

Valenteらは水槽の底面の半分に市松模様を投影することで3週齢のゼブラフィッシュに視覚刺激を与え，そのあとに市松模様領域に電気ショックを与えることを繰り返すと，ゼブラフィッシュは市松模様を見ただけで電気ショックを予見して市松模様領域の外に移動する，つまりオペラント条件づけが成立することを報告した（図7.7；Valente et al., 2012）.

7.2.5 走光性

ゼブラフィッシュ仔魚は光に向かって泳ぐ走光性（phototaxis）を示し，それにはサッケードの制御にも関わる後脳の神経細胞群が重要なはたらきをする（Wolf et al., 2017）．一方，ゼブラフィッシュ成魚には走光性はなく，むしろ暗い場所を

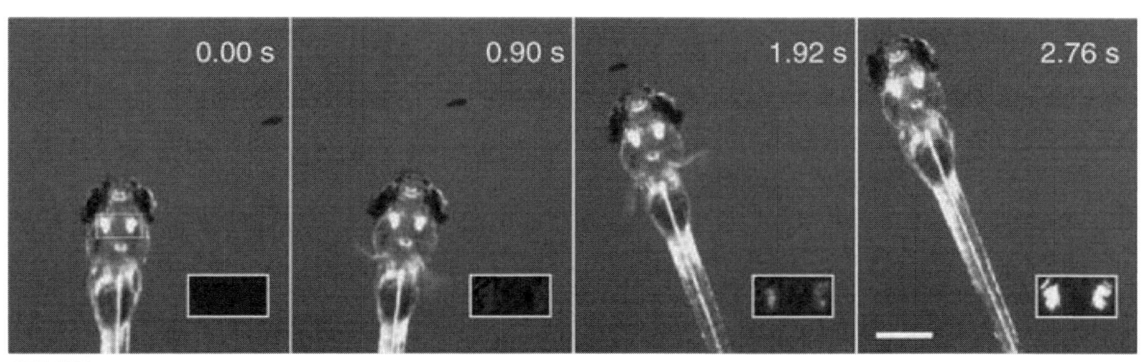

図7.5 捕獲行動時の視床下部下葉の神経活動（Muto et al., 2017）
魚類の摂食中枢とされる視床下部下葉の神経活動をGCaMPで可視化すると，仔魚がゾウリムシ（0.00 sで右端に黒く見える小物体）を見つけてから高まることがわかる．ここに写真で示したフレーム間に仔魚は動いているが，動いていないフレームからGCaMP蛍光強度の経時データを抽出できる．

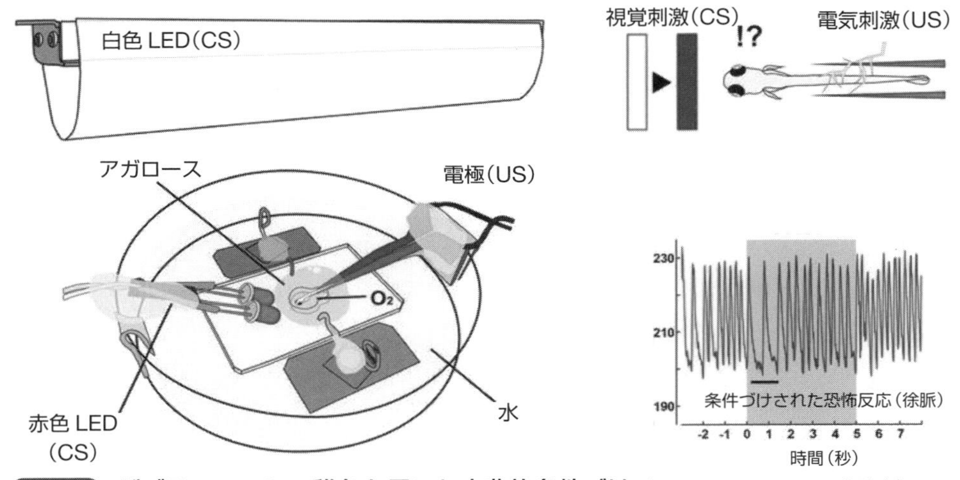

図7.6　ゼブラフィッシュ稚魚を用いた古典的条件づけ (Matsuda et al., 2017 を改変)

視覚刺激（LED の消灯）を条件刺激（CS），電気ショックを無条件刺激（US）として用いている．左：アガロースに包埋したゼブラフィッシュ稚魚（受精後 3 週間）に US, CS を与える実験装置．右上：CS+US の模式図．右下：心臓の拍動の頻度の低下．古典的条件づけが成立したあと，CS を与えると（灰色の時間帯），CS を与え始めた直後に心臓の拍動の頻度が低下した．

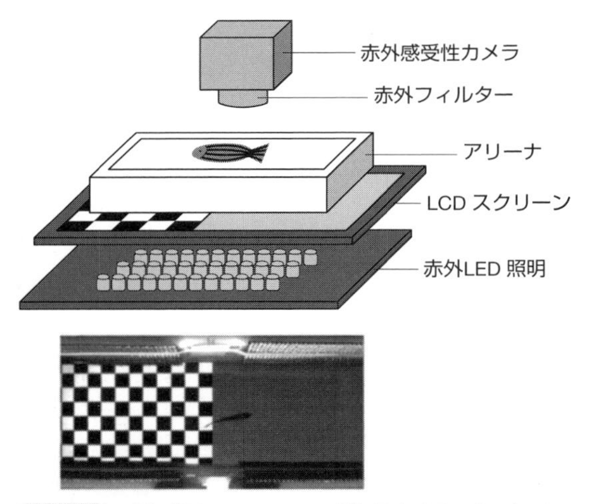

図7.7　ゼブラフィッシュ稚魚を用いたオペラント条件づけ (Valente et al., 2012 を改変)

上：水槽の下側には，PC ディスプレイ（LCD スクリーン）が配置されており，視覚刺激（条件刺激：CS）として半分の領域に市松模様，残り半分の領域には一様な灰色を呈示する．左右いずれの領域にも電気ショック刺激装置が備えられており，模様を提示した水槽領域には電気ショック（無条件刺激：US）をかける．これを繰り返すことで，仔魚は市松模様の領域には電気ショックが来ることを学習し，市松模様から逃げるようになる（オペラント条件づけ）．水槽下方には赤外 LED 照明があり，上部に設置した赤外線カメラ（可視光は赤外フィルターでカットする）でゼブラフィッシュの位置を動画記録できる．下：ゼブラフィッシュと装置を上から見た写真．

好む．

7.2.6 looming behavior

一般に動物は捕食者の影を視覚的に察知すると逃避行動を示す．ゼブラフィッシュ仔魚を照らす照明を消灯しても逃避行動をとることはないが，時間的に広がる暗い影（looming stimulus）を見せると，逃避行動をとる（Temizer et al., 2015）．この looming behavior において，視床の神経細胞が輝度変化の検出に重要であると考えられている（Heap et al., 2018）．

7.2.7 概日リズム・睡眠

ゼブラフィッシュを明暗周期のある環境で発生させると，受精 2 日目の夜から夜間の時間帯にメラトニンが増加し，概日リズムの形成が確認される（Kazimi and Cahill, 1999）．また，ゼブラフィッシュ仔魚は夜間の時間帯に活動が低下する．これはゼブラフィッシュの睡眠と位置づけられており，哺乳動物と同様にセロトニン作動性ニューロンが睡眠を促進することが報告されている（Oikonomou et al., 2019）．

7.3 仔魚の行動を測定する装置とソフトウェア

ゼブラフィッシュ仔魚の行動を定量解析するには一定時間の泳動軌跡をトレースする必要があり，動画を元に移動距離や移動速度，滞在時間の長い領域を算出するなどの解析が採用される．メジャーな行動記録・解析ソフトウェアとしてNoldus Information Technology 社の EthoVision XTおよびゼブラフィッシュに特化したDanioVision，ViewPoint Life Sciences 社のZebraBoxがあり，いずれも簡単な操作により高度な解析を行ってくれるが，高価である．

動画の解析をImageJで行うのであれば，照明装置，ビデオカメラを購入することで，比較的低予算でゼブラフィッシュ仔魚の行動測定の装置を自作できる（Pelkowski et al., 2011）．可視光で視覚刺激を与える場合には，ビデオカメラで記録した画像に可視光が入らないようにする必要があるため，近赤外（IR）照明装置，近赤外感受性ビデオカメラ，可視光カットフィルターを用意する．カメラは実体顕微鏡にCマウントで取りつけるか，あるいは固定焦点レンズまたはズームレンズとともに使うことができる．〔武藤　彩〕

引用文献

Brockerhoff, S. E., Measuring the optokinetic response of zebrafish larvae, *Nat. Protoc.*, **1** (5), 2448–51 (2006).

Friedmann, D. et al., A spinal opsin controls early neural activity and drives a behavioral light response, *Curr. Biol.*, **25** (1), 69-74 (2015).

Heap, L. A. L. et al., Luminance changes drive directional startle through a thalamic pathway, *Neuron*, **99** (2), 293-301 (2018).

Jordi, J. et al., A high-throughput assay for quantifying appetite and digestive dynamics, *Am. J. Physiol. Regul. Integr. Comp. Physiol.*, **309** (4), R345–57 (2015).

Kazimi, N. and G. M. Cahill, Development of a circadian melatonin rhythm in embryonic zebrafish, *Brain Res. Dev. Brain Res.*, **117** (1), 47-52 (1999).

Kokel, D.et al., Identification of nonvisual photomotor response cells in the vertebrate hindbrain, *J. Neurosci.*, **33** (9), 3834-43 (2013).

Matsuda, K. et al., Granule cells control recovery from classical conditioned fear responses in the zebrafish cerebellum, *Sci. Rep.*, **7**, 11865 (2017).

Muto, A. et al., Forward genetic analysis of visual behavior in zebrafish, *PLoS Genet.*, **1** (5), e66 (2005).

Muto, A. and K. Kawakami, Prey capture in zebrafish larvae serves as a model to study cognitive functions, Front. Neural Circuits, **7**, 110 (2013).

Muto, A. et al., Real-time visualization of neuronal activity during perception, *Curr. Biol.*, **23** (4), 307-11 (2013).

Muto, A. and K. Kawakami, Calcium imaging of neuronal activity in free-swimming larval zebrafish, *Methods Mol. Biol.*, **1451**, 333-41 (2016).

Muto, A. et al., Activation of the hypothalamic feeding centre upon visual prey detection, *Nat. Commun.*, **8**, 15029 (2017).

Muto, A. and K. Kawakami, Ablation of a neuronal population using a two-photon laser and its assessment using calcium imaging and behavioral recording in zebrafish larvae, *J. Vis. Exp.*, **136**, doi: 10.3791/57485 (2018).

O'Gorman, L. et al. eds., *Practical Algorithms for Image Analysis,* 2nd ed., Cambridge University Press (2008).

Oikonomou, G. et al., The serotonergic raphe promote sleep in zebrafish and mice, *Neuron*, **103** (4), 686-701 (2019).

Pelkowski, S. D. et al., A novel high-throughput imaging system for automated analyses of avoidance behavior in zebrafish larvae, *Behav. Brain Res.*, **223** (1), 135–44 (2011).

Temizer, I. et al., A visual pathway for looming-evoked escape in larval zebrafish, *Curr. Biol.*, **25** (14), 1823-34 (2015).

Valente, A. et al., Ontogeny of classical and operant learning behaviors in zebrafish, *Learn. Mem.*, **19** (4), 170–7 (2012).

Wolf, S. et al., Sensorimotor computation underlying phototaxis in zebrafish, *Nat. Commun.*, **8** (1), 651 (2017).

コラム　仔魚の活動の自動定量化

生体に対する薬剤の効果を調べる実験において，ゼブラフィッシュ仔魚の活動指標となる移動距離（distance traveled）を測定する需要は高い．マルチウェルプレートで1ウェルにつき1匹ずつ仔魚を入れて，上からビデオカメラで撮影し，ImageJで動画を解析すれば，移動距離を容易に求められる．

①ビデオ記録で得られた白黒ムービー（スタック）をImageJで開く．

②[Image] ⇒ [Stacks] ⇒ [Z Project...] で，[Average Intensity] または [Median] を選択する．仔魚が動いていれば，この操作により背景画面を作る．

③[Process]⇒ [Image Calculator...] で，[Image 1: 元のスタック] ⇒ [Operation: Divide] ⇒ [Image 2: 背景画像] ⇒ [32-bit (float) result] のチェックボックスにチェックを入れて, [OK] をクリック．これで，照明ムラなどをキャンセルした画像が得られる．

④[Analyze] ⇒ [Set Measurements...] と選び，現れたSet Measurementsウインドウの中の，[Center of mass] の項目にチェックを入れておく．

⑤マルチウェルのムービーであれば，解析したいウェルを1つ決めてそこにROI（Region Of Interest：解析領域）を設定する．[Edit] ⇒ [Selection] ⇒ [Restore Selection] で異なる画像からROIを移動できる．

⑥[Analyze Particles] を選び，size (pixel^2)：の項目には，仔魚の面積が収まる範囲を指定して, [Show: Masks] を選び, [OK] をクリック．すると，指定したROIの中でParticle analysis（粒子解析）が実行される．

⑦Mask画像において全フレームを通じて仔魚だけが1つの粒子として認識されれば成功である．そうならなかった場合には，ノイズとして混入してきた粒子が除外できるようなよい条件が見つかるまで繰り返し試行する必要がある．

⑧Resultsウインドウには，重心のx，y座標が表示されるので，このResultsウインドウを [File] ⇒ [Save as...] で保存しMicrosoft Excelなどでその後の処理（トータルの移動距離の計算など）を行えばよい．

⑨マルチウェルの記録であれば，次のウェルにROIを設定し直して同じ手順を繰り返す．ImageJのマクロ機能を利用して，ROIの設定を自動化し複数のROIの処理を1つのマクロで自動処理することは比較的容易であろう．

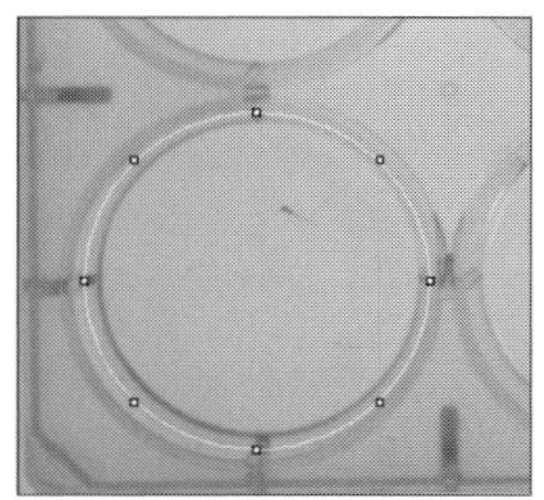
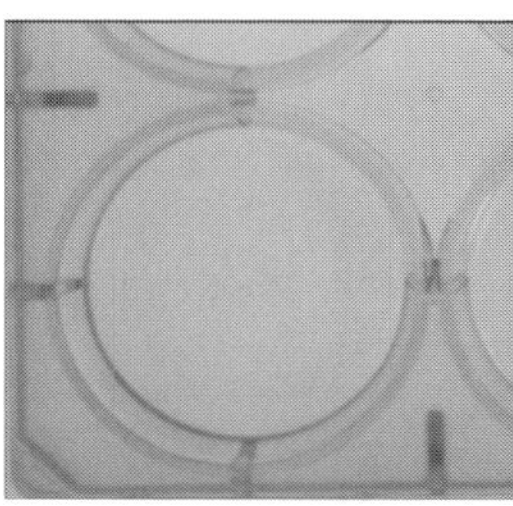
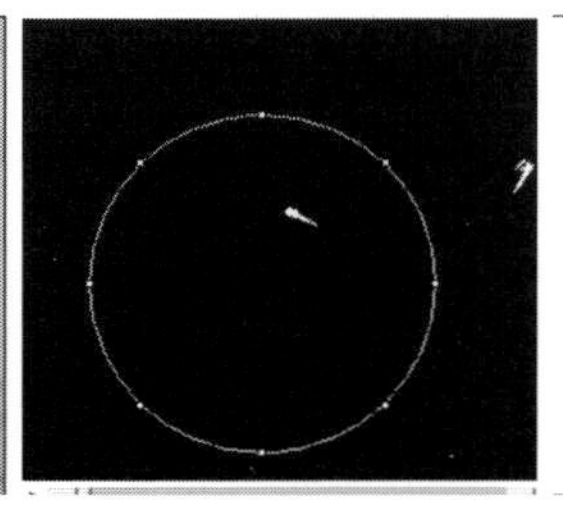
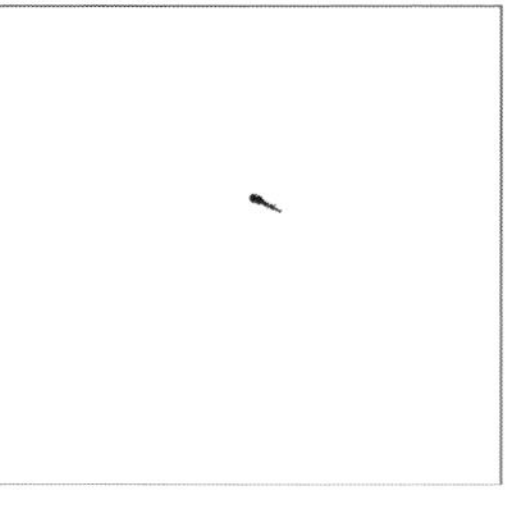

図　仔魚の位置計算を行うための背景の除去

4枚のパネルは左から順に，上の説明の①元のムービーのフレーム，② [Median] により作成した背景画像，⑤背景で除算後の画像に円形のROIを設定した状態，⑦粒子解析処理後のマスク画像（背景から完全に分離された仔魚）．

第8章 成魚の行動

8.1 行動研究の背景

ゼブラフィッシュは，母体外での胚発生が早いことや，仔魚の身体が透明なことから，神経発生の解析に適したモデル脊椎動物として神経科学の分野に参入してきた．その後，仔魚の神経回路の構造が次第に明らかになり，行動実験と神経活動モニタリングを組み合わせた解析が多くの研究室で行われるようになった．その一方で，他のモデル生物に比べて，成体の行動に注目した研究はいまだそれほど多くない．近年，精神疾患モデルとしてのゼブラフィッシュの需要が増大しているが，仔魚で見られる行動の種類が限定的であることから，成魚を用いた行動実験の必要性が急速に高まっている．本章では，さまざまな感覚刺激に対する行動，集団における社会性行動，記憶学習など，成魚の行動特性とその実験法について解説する．

8.2 視覚行動

8.2.1 明暗や色に対する行動特性

成魚の視覚行動を理解することは，視覚系そのものの解析だけでなく，さまざまな行動実験系を構築するうえでも非常に重要である．たとえば，照明の当て方や水槽の色の違いが，成魚の行動に大きく影響する．明暗に対する成魚の嗜好性について，これまでにいくつかの報告があるが，相反する結果が混在する状況であった．最近Facciolらは，明暗を規定する2つの要因である「照明強度の違い」と「水槽の背景色（黒白）」を区別して考える必要があると提唱している（Facciol et al., 2017）．細長い水槽の壁や底を左右で黒と白に塗り分け，均一な照明を上から当てた実験システムを用意する（図8.1A）．ゼブラフィッシュの成魚1個体を水槽に入れて左右の滞在時間を測定すると，実験水槽に入れた直後の3分間は黒い背景色側に長く滞在し，その後，左右で有意な差は見られなくなる．他の行動パラメーター（遊泳速度，深さ方向の位置，静止時間など）の解析から，新奇環境での不安行動の1つとして，黒い背景色を好むと解釈されている．一方，背景色を黒または白のどちらかに統一して，左右で照明強度に強弱をつけても，滞在時間に有意な差は見られない．すなわち，研究室における行動実験系では，照明の強弱よりも背景の黒白が視覚の嗜好性に重要な役割を果たす．

色に対する生得的な嗜好性は，受精5日齢の仔魚を用いた十字迷路の行動実験で示されている（Park et al., 2016）．十字迷路の4つのアームの壁を赤，緑，青，黄でそれぞれ塗り分けると，魚は赤と青のアームに好んで長く滞在する．さらに，細長い水槽の左右の壁を異なる色で塗り分け，さまざまな色の組み合わせに対して滞在時間を測定すると，魚は青＞赤＞緑＞黄の順で嗜好性を示す．Peetersらは仔魚と成魚の両方を用いて色選択実験を行い，成魚でも「青＞黄」嗜好性が保持されていることを報告している（Peeters et al., 2016）．色を提示する場所も重要で，壁に加えて床，あるいは床だけに色をつけると，上述のような嗜好性は仔魚と成魚のどちらでも観察されなくなる．また，飼育に用いる餌の色や水槽の色など，飼育環境の違いも成魚の色嗜好性に影響する可能性があるため，注意が必要である．

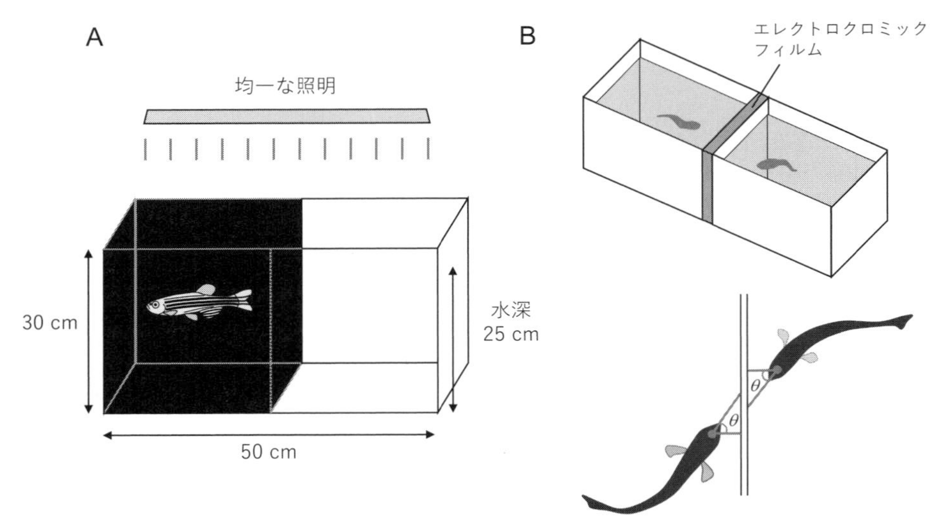

図8.1 視覚行動
A：背景の黒白に対する嗜好性の行動実験システム（Facciol et al., 2017 を改変）．水槽の壁（奥・横）と底を左右で黒と白に塗り分ける．手前の壁はカメラ撮影のため透明．B：視覚を介した社会行動の実験システム（Stednitz et al., 2018 を改変）．隣の水槽の魚の姿が見えるようになると（上），仕切りの直交線に対して 45°～90° の角度で相対する時間が増える（下）．

8.2.2 視覚による社会性行動

ゼブラフィッシュは体に対して比較的大きな目をもち，視覚情報を処理する視蓋は脳の中で最も大きな領域を占める．集団で生活するゼブラフィッシュにおいて，視覚情報は社会性行動に大きく寄与すると考えられる．視覚による社会性行動の解析システムとして，Washbourne らのグループは非常にシンプルな行動実験系を報告している（Stednitz et al., 2018）．2つの水槽の間に通電によって不透明から透明に変化するエレクトロクロミックフィルムを挟み，それぞれの水槽にゼブラフィッシュ成魚を1個体ずつ入れる．通電によってたがいの姿が見えるようにすると，仕切りの直交線に対して体軸を 45°～90° の角度に保ち，壁の向こう側の魚と相対する時間が顕著に増加する（図 8.1B）．この行動は仕切りを透明にしてから1分以内に頻繁に観察されるようになり，その後5分までには徐々に減少して元の状態に戻る．水槽間の水の行き来がないことから，この行動は視覚に依存した社会性注意行動と考えられる．またこの行動が，ある種の薬物や神経回路素子の薬理遺伝学的除去によって抑制されることが示されており，薬物スクリーニングや病態解析にも有用な行動実験システムである．

8.3 嗅覚行動

8.3.1 匂いによる誘引行動

嗅覚は餌の探索，繁殖，危険回避など，動物の生存に必須な行動を担う感覚システムである．魚類は古くから，匂いに対する行動応答や内分泌系の変化の解析など，嗅覚研究のモデル生物として利用されてきた．さまざまな魚種による嗅覚行動実験の知見をもとに，近年ではゼブラフィッシュの嗅覚行動も多く報告されている．最も一般的な嗅覚行動として，餌の匂いによる誘引行動があげられる．ゼブラフィッシュは餌に由来するさまざまなアミノ酸を嗅覚で認識する（Koide et al., 2009）．また，アデノシン三リン酸（ATP）などのヌクレオチドも餌の匂いと考えられており，

ATP は鼻腔内で酵素によってすみやかに分解され，アデノシンとして受容される（Wakisaka et al., 2017）．餌の匂いに対する行動応答は，細長い水槽にゼブラフィッシュを1個体入れて馴化し，水槽の片方の端から匂いを，もう片方の端からは水または溶媒をチューブにつないだ注射器で注入して観察することができる（図 8.2A）．実験の前に，匂いの代わりに色素（1 mM ニューコクシン）を注入することで，水槽内で拡散する状況を可視化し，最適な注入量や注入速度を検討できる（図 8.2B）．水槽の左右での魚の滞在時間を匂いの注入前後の数分間（2〜5 分）測定すると，餌に含まれる匂いを投与した側に長く滞在する（Koide et al., 2009；Wakisaka et al., 2017）．これらの行動変化は，鼻の奥の嗅覚器（嗅上皮）を外科的に除去したゼブラフィッシュでは観察されないため，嗅覚に依存して餌に引きつけられる行動である．

ゼブラフィッシュは自然界では群れで生活する動物で，研究室でも多くの場合集団で飼われているため，成魚の行動実験では事前に個別飼い馴化を十分に行うことが非常に重要である．馴化が十分でないと，じっと動かないフリージングなどの不安行動を示したり，水槽内の特定の場所に偏って滞在したりして，匂いによる行動変化を観察するのが困難となる．また，水槽の壁に映った自分の姿に対する視覚行動を排除するため，不透明なアクリル板を用いて行動実験水槽を作製することも有効である．餌の匂いによって顕著な誘引行動を引き起こすには，実験前日は餌を与えず魚を空腹状態にしておくのが一般的である．

8.3.2 匂いに対する忌避行動

淡水魚における匂いの忌避行動として，同種の魚の警報フェロモンに対する応答が知られている．この行動は，オーストリアの著名な動物行動学者フォン・フリッシュ（Karl von Frisch）によって，ミノー（ウグイに近い淡水魚）を用いた行動実験中に偶然発見された．フォン・フリッシュは傷ついた1匹のミノーを集団の水槽に戻したところ，他のミノーたちが非常にすばやく泳ぎまわったあとに，密な集団を形成することに気がついた．さらにさまざまな器官の抽出液を用いた実験から，この行動を引き起こす物質がミノーの皮膚に由来することを突き止め，Schreckstoff（恐怖物質）と名づけた（von Frisch. 1941）．その後，さまざまな淡水魚（特に骨鰾上目に属する魚）で同様の行動が観察され，傷ついた仲間により放出される化学物質を認識して自らの危険を回避する嗅覚行動と理解されている（図 8.2C）．ゼブラフィッシュもミノーと同じ骨鰾上目のコイ科に属し，同種の魚の皮膚抽出物に対する忌避反応を示す（Speedie and Gerlai, 2008）．ゼブラフィッシュの皮膚を丁寧に剝がし，純水中でスターラーを用いて穏やかに攪拌して警報フェロモンを抽出することができる（−30℃で保存可能）．ゼブラフィッシュを十分に個別飼い馴化したあとに皮膚抽出物を水槽に投与すると，burst

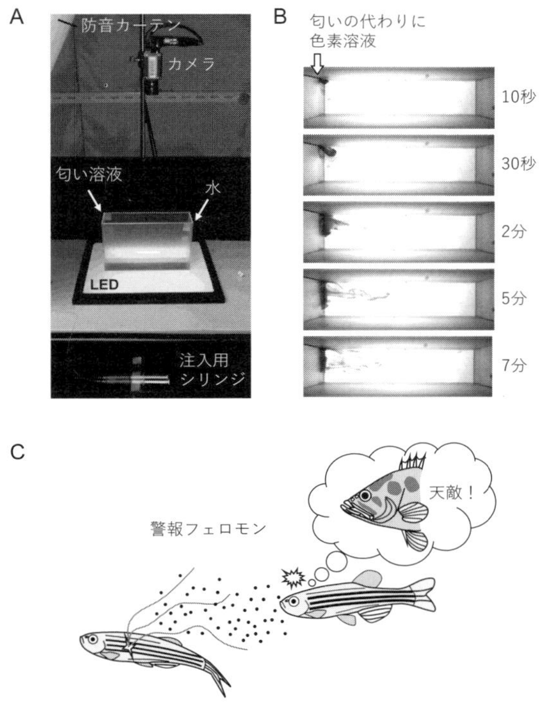

図8.2 嗅覚行動

A：匂いに対する誘引行動の実験システムの一例．B：匂いが拡散する様子は色素溶液を用いて確認する．C：ゼブラフィッシュは傷ついた仲間の皮膚から放出される警報フェロモンを認識して，忌避反応を示す．

swimまたはerratic movementとよばれる非常に速い泳ぎをして，その後はじっと動かなくなる二相性の行動を示す．これらの行動は魚の遊泳速度を計測することで定量解析することもできる．また，この忌避行動は水槽の底で観察されることから，深さ方向への魚の移動や底付近での滞在時間（bottom dwell）も，警報反応や不安行動の定量的指標として用いられる．

その他の忌避物質として，Korschingらはアミノ基を2つもつポリアミンであるカダベリンをあげている（Hussain et al., 2013）．カダベリンは，ゼブラフィッシュの腐った死体に最も多く含まれるジアミンで，嗅覚受容体のTAARサブファミリーのうち，主にTAAR13cによって受容される．カダベリンを水槽に投与すると，皮膚抽出物を投与したときのような速い泳ぎやフリージングは示さないものの，カダベリンを投与した付近には近寄らなくなる．これは死体を避ける忌避行動だと考えられる．

8.4 味覚行動

視覚や嗅覚など他の感覚系の行動に比べて，ゼブラフィッシュにおける味覚行動の報告は少ない．味覚を中継する顔面神経の活動記録から，ゼブラフィッシュの味覚系はさまざまなアミノ酸や，哺乳動物で苦味物質とされるデナトニウムおよびキニーネに応答するが，糖には応答しない．阿部らのグループは，味覚行動実験に適した人工餌を開発し，摂食行動からゼブラフィッシュの味覚嗜好性を報告している（Oike et al., 2007）．味物質と蛍光物質を溶液中に乳化させ，デンプンで固めたあとに凍結乾燥して200～300 μmの粒子にしたものを餌として使用する．摂食行動のあとに，残存した人工餌の量からゼブラフィッシュの味物質に対する嗜好性を評価する．アミノ酸を含む人工餌は，味物質を含まない人工餌（プラセボ）より残存量が少なく，デナトニウムを含む人工餌の残存量はプラセボより多いことから，ゼブラフィッシュはアミノ酸を嗜好し，デナトニウムを嫌悪することが示されている．哺乳動物において旨味および苦味として感じられる化学物質が，ゼブラフィッシュでも類似の行動応答を引き起こすことから，味覚の嗜好は脊椎動物で保存された感覚経路で処理されると考えられる．

8.5 性行動

8.5.1 求愛行動から産卵

ゼブラフィッシュの性行動は，生活環境の明暗サイクルと密接な関係があり，明期の開始が刺激となって，求愛行動から産卵に至る．DarrowとHarrisは，ゼブラフィッシュの性行動を詳細に観察し，オスとメスの行動をそれぞれ5つのカテゴリーに分類した（Darrow and Harris, 2004）．オスの性行動は，①追尾（chase），②つつき（tail-nose），③回り込み（encircle），④ジグザグ（zig-zag），⑤震え（quiver）に分けられ，メスの性行動は，①接近（approach），②エスコート（escort），③提示（present），④誘引（lead），⑤産卵（egg-lay）に分けられる（図8.3）．これらのオスとメスの行動がたがいに連動しながら継続的に起こり，30分～1時間の繁殖行動中に複数回産卵する．メスの行動に比べてオスの求愛行動はそれぞれの行動カテゴリーを区別しやすく，追尾，つつき，回り込み，震えの行動回数や，追尾の継続時間を測定することで，定量的に解析することができる（Yabuki et al., 2016）．産卵した卵の数を計測することも繁殖行動の指標となるが，メスの状態に大きく依存するため，変異体などの解析においては，性成熟に至る飼育条件（同じ水槽で飼育するオス・メスの割合や個体数）を一定に保つことが重要である．

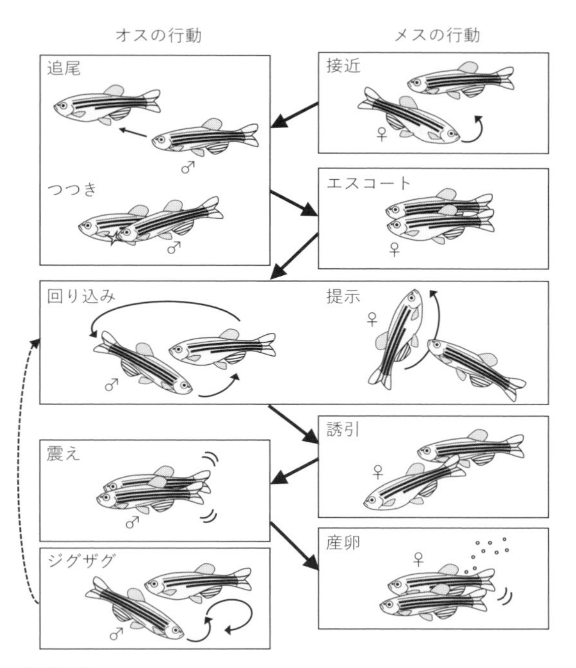

図8.3 性行動（Darrow and Harris, 2004 を改変）
オスとメスの性行動はそれぞれいくつかの構成要素に分けられる．それらが連続的に起こって，産卵に至る．

8.5.2 性フェロモンによる性行動の促進

ゼブラフィッシュやキンギョなどコイ科の魚において，性行動におけるホルモン様フェロモンのはたらきが報告されている．メスの体内で排卵に関わるプロスタグランジン $F_{2\alpha}$ やある種のステロイドなど，内分泌ホルモンとして機能する化学物質やその代謝物が体外に放出され，オスの嗅覚を介して性行動を促進する．吉原らのグループは，ゼブラフィッシュのプロスタグランジン $F_{2\alpha}$ の嗅覚受容体 OR114-1 と OR114-2 を同定し，高親和性受容体である OR114-1 の機能を欠損した変異体を作製した（Yabuki et al., 2016）．OR114-1 変異体のオスと野生型のメスを同じ水槽に入れ，上述の追尾，つつき，回り込みなどの求愛行動の回数や時間を計測すると，野生型のオスに比べて追尾の継続時間やつつきの回数が顕著に減少した．このことは，プロスタグランジン $F_{2\alpha}$ が OR114-1 を介してオスの求愛行動を促進し，性フェロモンとしてはたらくことを示唆する．

8.6 社会順位と闘争行動

ゼブラフィッシュは自然界では群れで生活し，群れの中で社会順位を形成すると考えられる（Spence et al., 2008）．研究室の飼育環境においても，水槽内で個体間の優劣を確認できる．社会順位の形成に大きく関わる行動は闘争行動であり，オスどうしまたはメスどうしのペアを用いて，容易に観察できる（Oliveira et al., 2011）．体格の等しいペアを 1 L 程度の小さな水槽に入れ，不透明な仕切りを用いて物理的かつ視覚的に隔離する．水の行き来はできる状態で一晩馴化し，翌日仕切りを取り除くと闘争行動が開始される（図 8.4A）．ゼブラフィッシュの闘争行動はいくつかの典型的な行動パターンに分類される（図 8.4B）．仕切りを取り除くと，ゼブラフィッシュは水槽内を短時間遊泳したあとたがいに接近し，背鰭，腹鰭，尻鰭を立てて体を揺らしながら相手を威嚇する（display）．その状態でたがいに相手の尾の方向に向かって動くことで回転し（circle），大きく口を開けてしばしば相手の体に噛みつく（bite）．これら一連の行動のあと，一方が他方の頭部後方をつつきながら追い回すようになり（chase），追われる側が闘争行動を止めることで勝敗が決まる．勝敗が決まってからも，勝者は敗者を頻繁に追い回し，敗者は水槽の隅や底で鰭をたたんだ状態で動きを止め，優劣関係が維持される．

闘争行動での勝ち負けの経験は，次の闘争行動に影響を与えることが知られており，「勝者・敗者効果」とよばれる．最初の闘争のあとにそれぞれの個体を闘争経験のないナイーブ個体と戦わせると，最初の闘争に勝った個体は次の闘争でも勝つ確率が高く（勝者効果），負けた個体は次の闘争でも負ける確率が高い（敗者効果）．岡本らのグループは，このような経験依存的な闘争行動の制

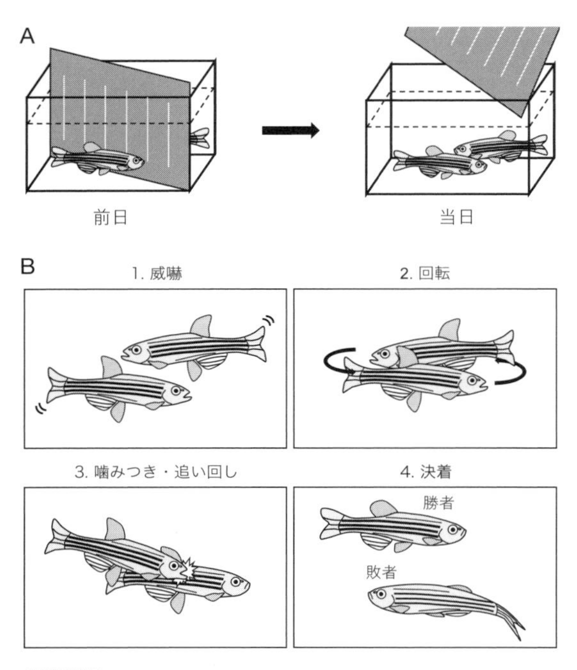

図8.4 闘争行動（Chou et al., 2016 を改変）
A：前日に水が行き来できる不透明な仕切りで隔離し，実験当日に仕切りをとって行動観察を開始する．B：ゼブラフィッシュの闘争の時間的行動パターン．

御に，背側手綱核が重要な役割を果たすことを見出した（Chou et al., 2016）．背側手綱核には内側および外側の２つの亜核があり，それぞれ腹側および背側の脚間核に投射している．遺伝子工学的手法により，外側亜核の神経伝達を抑制すると勝者効果が消失し，内側亜核の神経伝達を抑制すると敗者効果が消失する．すなわち，背側手綱核の異なる神経亜核が「闘争」を続けるか，それとも「逃走」するかの決定に関わっていると考えられる．

8.7 連合学習

8.7.1 恐怖条件づけ

マウスやショウジョウバエなど他のモデル生物と同様に，ゼブラフィッシュでも感覚刺激と罰あるいは報酬の連合学習が報告されている．最も効率がよい学習実験系として，視覚刺激（条件刺激：CS）と侵害刺激（無条件刺激：US）の組み合わせによる恐怖条件づけがあげられる．ゼブラフィッシュにLEDで特定の色の光を提示し，数秒後に壁に設置したメッシュ電極から穏やかな電気ショック（5～15 V，AC）を与える．この試行を繰り返すと，ゼブラフィッシュはCSの提示だけでターン数の増加など不安行動を示すようになる（古典的条件づけ）（Agetsuma et al., 2010）．また，水深の浅いブリッジを通って左右のチェンバーを自由に行き来できるシャトル水槽を実験に用いて，光が提示された方とは反対側のチェンバーに移動することで電気ショックから逃れられるようにすると（図 8.5A），ゼブラフィッシュは次第にその状況を学習し，CSの提示直後に電気ショックを回避する行動をとるようになる（能動的回避学習）（Aoki et al., 2013；Lal et al., 2018）．光と電気ショックによるCS/USの組み合わせは時間的な精度が高く，連合学習実験に最も適した組み合わせである．

8.7.2 餌報酬学習

ゼブラフィッシュにおいて，匂いをCSとした餌報酬連合学習が報告されている．前述のように嗅覚は食行動と密接な関係があり，匂いと食物の連合記憶の形成は魚の生存にとって重要である．嗅覚刺激は水に溶けた化学物質が鼻腔に流れ込む

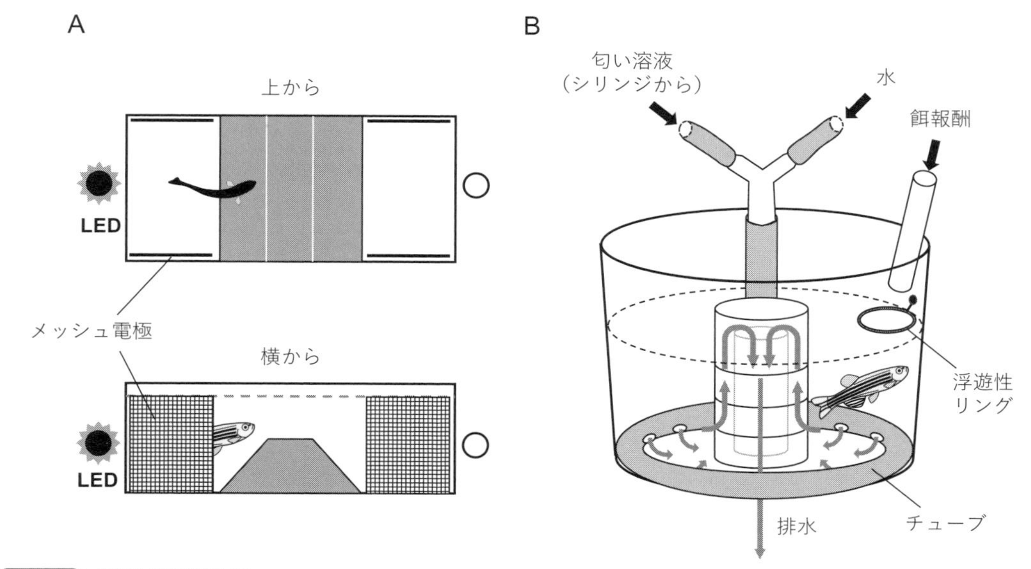

図8.5 連合記憶学習

A：視覚刺激と電気ショックによる能動的危険回避学習（Lal et al., 2018 を改変）．ゼブラフィッシュは光刺激と反対のチェンバーに行くと電気ショックを回避できることを学習する．B：匂いと餌報酬の連合学習（Braubach et al., 2009 をもとに作成）．ゼブラフィッシュは匂い刺激の直後に，餌がリング内に与えられることを学習する．

ことで受容されるので，光による視覚刺激に比べて，時間的な精度が低い．Braubach らは，水槽の水がすばやく入れ替わるシステムを用いることで，効率よく匂いの連合記憶が形成されることを報告している（図 8.5B；Braubach et al., 2009）．バケツ型水槽の底に設置した環状のチューブの複数の穴から水が流入し，水槽中央の排水口から同量の水が排水される（水槽全容量に相当する 4 L の水が 40 秒で排水される）．匂いを注入するとすばやくバケツ内に充満し，その後 4 分以内に 1 万倍以上に希釈されることになる．匂いの注入から 30 秒後に浮遊性のドライフードを決められた場所（フードリング）に給餌する試行を繰り返すと，ゼブラフィッシュは匂いの投与前からフードリング近傍に滞在するようになる．さらに，匂いが投与されただけでターン頻度の増加が観察される．このシステムでは，場所と報酬，匂いと報酬の両方の連合記憶が形成される．また Friedrich らのグループは類似のシステムを用いて，ゼブラフィッシュが化学構造の似た 2 つの匂い物質を区別して連合学習できることを報告している（Namekawa et al., 2018）．〔宮坂信彦〕

≫引用文献

Agetsuma, M. et al., The habenula is crucial for experience-dependent modification of fear responses in zebrafish, *Nat. Neurosci.*, **13** (11), 1354-6 (2010).

Aoki, T. et al., Imaging of neural ensemble for the retrieval of a learned behavioral program, *Neuron*, **78** (5), 881-94 (2013).

Braubach, O. R. et al., Olfactory conditioning in the zebrafish (*Danio rerio*), *Behav. Brain Res.*, **198** (1), 190-8 (2009).

Chou, M. Y. et al., Social conflict resolution regulated by two dorsal habenular subregions in zebrafish, *Science*, **352** (6281), 87-90 (2016).

Darrow, K. O. and W. A. Harris, Characterization and development of courtship in zebrafish, *Danio rerio*, *Zebrafish*, **1** (1), 40-5 (2004).

Facciol, A. et al., Re-examining the factors affecting choice in the light-dark preference test in zebrafish, *Behav. Brain Res.*, **327**, 21-8 (2017).

von Frisch, K., Über einen Schreckstoff der Fischhaut und seine biologische Bedeutung, *Z. Vgl. Physiol.*, **29** (1-2), 46-145 (1941).

Hussain, A. et al., High-affinity olfactory receptor for the death-associated odor cadaverine, *Proc. Natl. Acad. Sci. U S A*, **110** (48), 19579-84 (2013).

Koide, T. et al., Olfactory neural circuitry for attraction to amino acids revealed by transposon-mediated gene trap approach in zebrafish, *Proc. Natl. Acad. Sci. U S A*, **106** (24), 9884-9 (2009).

Lal, P. et al., Identification of a neuronal population in the telencephalon essential for fear conditioning in zebrafish, *BMC Biol.*, **16** (1), 45 (2018).

Namekawa, I. et al., Rapid olfactory discrimination learning in adult zebrafish, *Exp. Brain Res.*, **236** (11), 2959-69 (2018).

Oike, H. et al., Characterization of ligands for fish taste receptors, *J. Neurosci.*, **27** (21), 5584-92 (2007).

Oliveira, R. F. et al., Fighting zebrafish: characterization of aggressive behavior and winner-loser effects, *Zebrafish*, **8** (2), 73-81 (2011).

Park, J. S. et al., Innate color preference of zebrafish and its use in behavioral analyses, *Mol. Cells*, **39** (10), 750-5 (2016).

Peeters, B. W. et al., Color preference in *Danio rerio*: effects of age and anxiolytic treatments, *Zebrafish*, **13** (4), 330-4 (2016).

Speedie, N. and R. Gerlai, Alarm substance induced behavioral responses in zebrafish (*Danio rerio*), *Behav. Brain Res.*, **188** (1), 168-77 (2008).

Spence, R. et al., The behaviour and ecology of the zebrafish, *Danio rerio*, *Biol. Rev. Camb. Philos. Soc.*, **83** (1), 13-34 (2008).

Stednitz, S. J. et al., Forebrain control of behaviorally driven social orienting in zebrafish, *Curr. Biol.*, **28** (15), 2445-51 (2018).

Wakisaka, N. et al., An adenosine receptor for olfaction in fish, *Curr. Biol.*, **27** (10), 1437-47 (2017).

Yabuki, Y. et al., Olfactory receptor for prostaglandin $F_{2\alpha}$ mediates male fish courtship behavior, *Nat. Neurosci.*, **19** (7), 897-904 (2016).

第9章 トランスジェニックゼブラフィッシュ

9.1 トランスポゾンを用いたトランスジェニックゼブラフィッシュ作製法

9.1.1 *Tol2* トランスポゾンの開発

小型熱帯魚ゼブラフィッシュは，①繁殖・大量飼育が容易である，②胚が透明で胚操作・観察が容易である，などの特長を有するため，遺伝学的解析が可能なモデル脊椎動物として，1990 年代以降世界中の研究者により用いられるようになった．しかしながら新しいモデル生物であったために，1990 年代後半頃には遺伝学的解析のための方法論の開発は十分ではなかった．1988 年にプラスミド DNA の受精卵への微量注入により外来遺伝子をゲノムに組み込んだトランスジェニックフィッシュの作製の成功が報告され（Stuart et al., 1988），1995 年には緑色蛍光タンパク質（Green Fluorescent Protein：GFP）を発現するトランスジェニックフィッシュの作製が報告された（Amsterdam et al., 1995）．トランスジェニックフィッシュ作製は遺伝子機能の解析や細胞の可視化に欠かせない技術であるが，当時の作製効率は非常に低く，誰がやっても成功するというものではなかった．

この状況を大きく変えたのは，筆者らが開発したトランスポゾン転移技術である．トランスポゾンは，微生物，植物，ショウジョウバエなどの遺伝学・分子生物学研究において有用なツールとして用いられてきたが，1990 年代後半には，ゼブラフィッシュはおろか脊椎動物においても，利用可能なトランスポゾンツールは存在していなかった．*Tol2* 因子は，日本のメダカ（*Oryzias latipes*）のゲノムから発見された hAT ファミリーに属するトランスポゾンである（Koga et al., 1996）．筆者らは，*Tol2* 因子が，活性がある転移酵素をコードする自律的トランスポゾンであることを明らかにし（Kawakami et al., 1998；Kawakami and Shima, 1999；Kawakami et al., 2000），転移に必要な最小シス DNA 配列は元の *Tol2* 因子の左端および右端から 200 bp および 150 bp であることを見出した（図 9.1；Urasaki

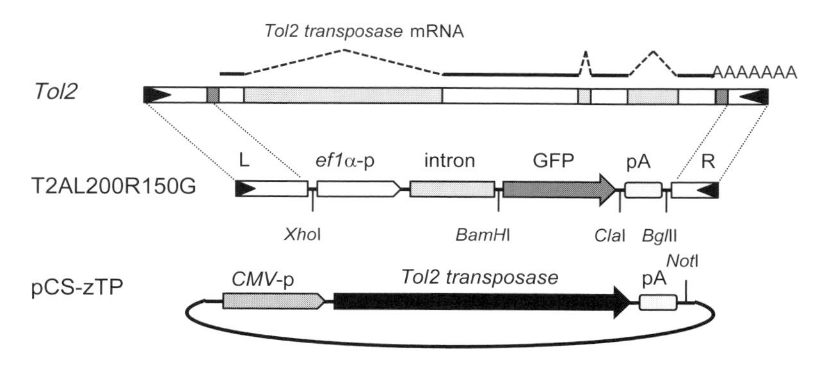

図9.1 *Tol2* ベクターと転移酵素発現プラスミドの構造

Tol2：全長の *Tol2* 因子．両端の矢頭は逆位反復配列，薄いシャドウボックスおよび点線は転移酵素遺伝子の intron を表す．
T2AL200R150G：*Tol2* 因子の左端および右端から 200 bp および 150 bp の間に ef1 *α* プロモーター，intron，GFP を組み込んだ *Tol2* ベクター（Urasaki et al., 2006）．
pCS-zTP：転移酵素 mRNA を合成するためのプラスミド．転移酵素 cDNA の直上に SP6 プロモーターをもつので，試験官内で転移酵素の mRNA を合成できる（Urasaki et al., 2006）．

et al., 2006）．さらに，*Tol2*トランスポゾン転移システムを用いて，さまざまな脊椎動物細胞に有効な遺伝子導入法を開発することに成功した（Kawakami, 2007）．

ゼブラフィッシュでは，外来遺伝子（蛍光レポーター遺伝子，研究対象の遺伝子など）を組み込んだ*Tol2*コンストラクトをもつプラスミドDNA（*Tol2*ドナープラスミド），および試験管内で合成された転移酵素*Tol2 transposase*をコードするmRNAをゼブラフィッシュ受精卵に微量注入する．転移酵素は*Tol2*ドナープラスミドから*Tol2*コンストラクトを切り出し，ゲノムのランダムな部位に挿入する．これが胚発生の間に生殖細胞系列で起これば，次世代の子孫に非常に効率的よく伝達される（Kawakami et al., 2000；Kawakami et al., 2004）．現在，*Tol2*転移システムは，トランスジェニックゼブラフィッシュ作製になくてはならない，必須のアイテムとなっている．この章では，この方法の実際のやり方について説明する．

9.1.2 トランスジェニックゼブラフィッシュ作製法

トランスジェニックゼブラフィッシュ作製の概略を図9.2に示す．

a. 試験管内での転移酵素mRNAの合成

①転移酵素cDNAが組み込まれたpCS-zTP（図9.1）をNotIで切断し，線形化する．それをテンプレートとして使用して，mMESSAGE mMACHINE SP6キット（Thermo Fisher Scientific社）のプロトコールに従ってmRNAを合成する．

②RNA精製用クイックスピンカラム（Roche社）を使用して転移酵素mRNAを精製する．次にmRNAを沈澱させ，ヌクレアーゼフリーの水に250 ng/μLとなるよう再懸濁し，ゲル電気泳動により生成物を分析する．RNAの電気泳動のためには，変性ゲルが好ましいが，標準的なアガロース／TAEゲルでも代用できる（図9.2B）．

b. *Tol2*ドナープラスミド

①制限酵素処理してのライゲーション，またはGatewayシステムを使用して，目的のDNA断片を適切な*Tol2*ベクターにクローニングする（図9.2A）．

②QIAfilter Plasmid Maxi Kit（（株）キアゲン）を用いてトランスポゾン供与体プラスミドDNAを調製し，プラスミドDNAをフェノール／クロロホルム抽出により一度精製する．DNAをエタノールで沈澱させ，ヌクレアーゼフリーの水に250 ng/μLとなるように懸濁する．

c. 受精卵へのマイクロインジェクション

①マイクロインジェクション前日の午後，オスとメスのゼブラフィッシュ成魚を交配ボックスに入れ，翌朝に受精卵を集める（図9.3A）．マイクロインジェクションは1細胞期の受精卵（受精後30分以内）に行うことが重要である．

②1％アガロース，ガラスプレート，および6 cmプラスチックディッシュを使用して注入用ランプを作成する（図9.3B）．ガラスキャピラリー（GC-1,（株）ナリシゲ）とプラー（PC-10,（株）ナリシゲ）を使用してマイクロインジェクション用の細い針を作成する．鋭利な刃で先端を切り落とす．

③以下の成分を混合してDNA/RNA溶液を調製する．

DNA/RNA溶液

0.4 M塩化カリウム　10 μL
フェノールレッド溶液（Sigma-Aldrich社）　2 μL
250 ng/μL転移酵素mRNA　2 μL
250 ng/μL *Tol2*ドナープラスミドDNA　2 μL
ヌクレアーゼフリー水　4 μL
（最終容量：20 μL）

マイクロインジェクションの前に，混合物を最高速度で1分間遠心して沈澱させ，注入針を詰まらせる可能性がある夾雑物を取り除く．上清の18 μLを新しいチューブに移す．

④マイクロローダーチップ（Eppendorf社）を使用して，ガラスキャピラリーの後ろ側からDNA/RNA溶液を送液する．充填したキャピラリーをホルダー（No. 11520145, Leica

Microsystems 社）に取りつけ，テフロンチューブ（内径：0.56 mm，中興化成工業（株））を介してホルダーを 10 mL シリンジに接続する（図 9.3C）.

⑤受精卵の細胞質に DNA/RNA 溶液を約 1 nL 注入する（目視で注入された赤い球体の直径が，細胞の直径の 1/4〜1/3 程度になるようにする：図 9.3D）．マイクロインジェクションされた胚をプラスチック皿に入れ，28℃で保温する.

d. 切り出し活性測定

マイクロインジェクションされた胚内で，転移反応が起こったことを確認するために（転移酵素 mRNA の活性を確認するために），切り出し活性測定実験を実施する（図 9.2A, B；Kawakami and Shima, 1999）.

①マイクロインジェクションの約 10 時間後に，胚のいくつかを 1 個ずつ，8 連のストリップチューブに移す（0.2 mL）．水を可能な限り除去し，50 μL の溶解液を加える．サンプルを

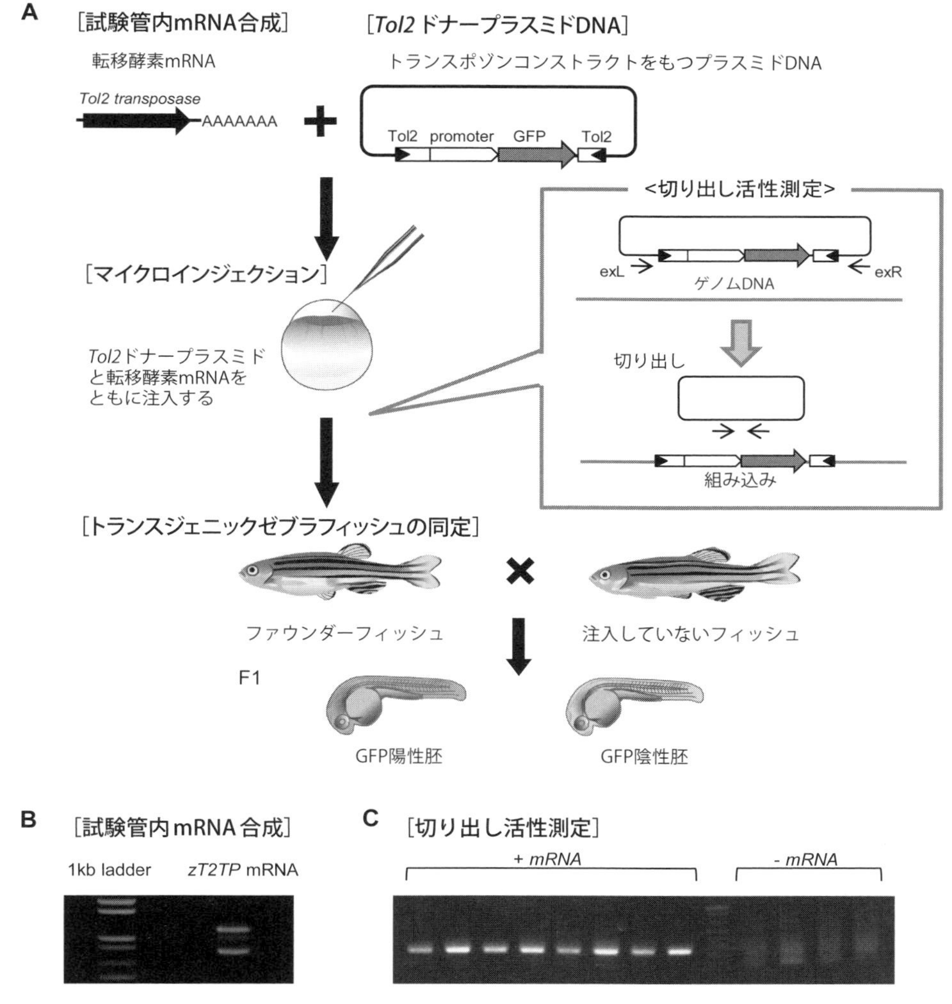

図9.2 トランスジェニックゼブラフィッシュ作製の概略

A：マイクロインジェクションからトランスジェニックフィッシュ同定までの流れ．B：試験管内合成した転移酵素 mRNA の電気泳動．C：切り出し活性測定実験の PCR 産物の電気泳動.

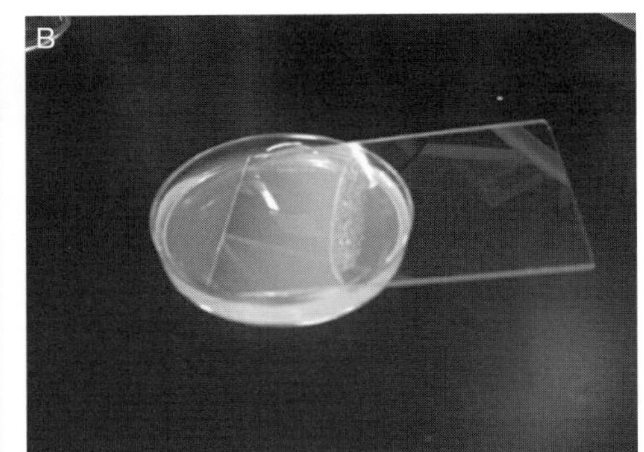

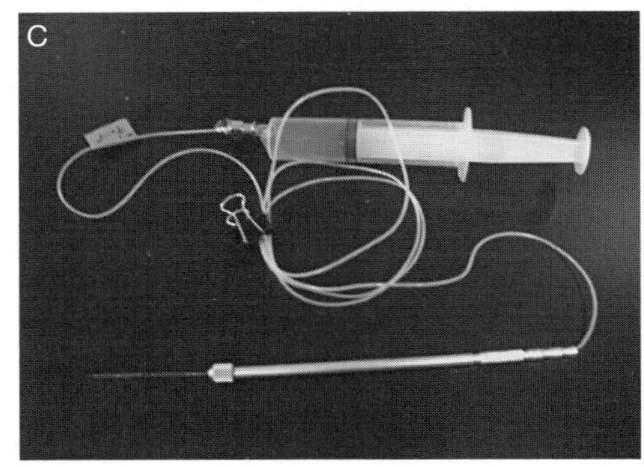

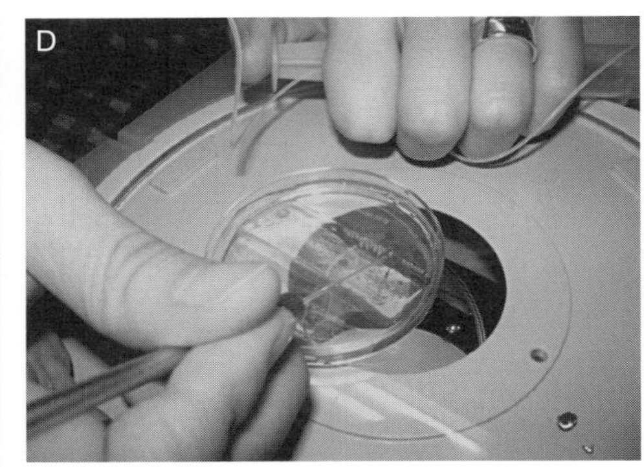

図9.3 マイクロインジェクションに必要な器具類
A：交配ボックスにセットされたゼブラフィッシュ．B：マイクロインジェクション用ランプ．C：インジェクション用ホルダー，キャピラリー一式．D：マイクロインジェクションの様子．

50℃で2時間から一晩保温して胚を溶解する．

溶解液
水　475 μL
1 M Tris-Cl（pH 8.0）　5 μL
0.5 M EDTA（pH 8.0）　10 μL
10 mg/mL プロテイナーゼK　10 μL
（全量500 μL）

② 95℃で5分間加熱してプロテイナーゼKを失活させる．1 μM プライマー（exLおよびexR），および1 μLのサンプル，Hi-Fi taq（Roche社）を含む反応液を調製し，PCRを行う（35サイクル，94℃：30秒間，55℃：30秒間，72℃：30秒間）．1.5％ゲル電気泳動でPCR産物を分析する（図9.2C）．

exL：5′-ACCCTCACTAAAGGGAACAAAAG-3′
exR：5′-CAAGGCGATTAAGTTGGGTAAC-3′

exLおよびexRは，ベクター部分から*Tol2*コンストラクト内部へ向かうプライマーで，〜200 bp程度のPCR産物が合成されるように設計された．転移酵素mRNAを同時にインジェクションしたサンプル（+mRNA）で当該PCR産物が検出されれば，切り出しは行われているといえる．バックボーンとなるベクターに応じて，適宜プライマーをデザインする必要がある．

e. トランスジェニックフィッシュの同定

① マイクロインジェクションされた胚を成魚にまで（性成熟まで）育てる．通常，約3か月を要する．

② マイクロインジェクションされた成魚を野生型の魚と交配して，子孫を解析する．*Tol2*コンストラクトがGFPなどの蛍光レポーター遺伝子を含む場合，蛍光実体顕微鏡を用いて，胚におけるGFP発現を観察し，GFP陽性胚を回収して育てる．

③ *Tol2*コンストラクトが発現マーカーをもたな

い場合，PCR 解析を行う．受精後 1 日胚を約 20〜50 個プールし，マイクロチューブに集める．水を可能な限り除去し，250 µL の DNA 抽出液を加え，50℃で一晩インキュベートする．フェノール／クロロホルム抽出により DNA を精製し，エタノール沈澱させ，50 µL の TE に再懸濁する．導入遺伝子特異的プライマーを用いた PCR（35 サイクル，94℃：30 秒間，55℃：30 秒間，72℃：30 秒間）に 1 µL の DNA サンプルを使用する．

DNA 抽出液

水　860 µL

1 M Tris-Cl（pH 8.2）　10 µL

0.5 M EDTA（pH 8.0）　20 µL

5 M 塩化ナトリウム　40 µL

10% SDS　50 µL

10 mg/mL プロテイナーゼ K　20 µL

（全量 1 mL）

④ PCR 陽性の F1 胚のプールが見つかった場合，その兄弟姉妹（F1）を飼育する．成魚にまで育て，切断した尾鰭から抽出した DNA を PCR 解析することによって，*Tol2* コンストラクトの存在について，個々の F1 フィッシュを解析し，トランスジェニックフィッシュを同定する．

f. サザンブロットハイブリダイゼーションによる *Tol2* 挿入の分析

単一の *Tol2* コンストラクト挿入をゲノムにもつトランスジェニックフィッシュを同定するためには，サザンブロットハイブリダイゼーションによる F1 フィッシュの解析を推奨する．*Tol2* トランスポゾンは転移効率がきわめて高く，F1 トランスジェニックフィッシュはしばしば複数の *Tol2* 挿入をもつ．単一の挿入をもつトランスジェニックフィッシュを同定し，それを用いることにより，より信頼性と再現性の高い実験を実施することができる．解析したすべての F1 フィッシュが複数の挿入をもっていた場合には，最小挿入数をもつトランスジェニックフィッシュを野生型フィッシュと交配し，子孫を育て，F2 世代以降で再度サザンブロットハイブリダイゼーションによって解析し，単一の *Tol2* コンストラクト挿入をゲノムにもつトランスジェニックフィッシュを同定する（図 9.4）．

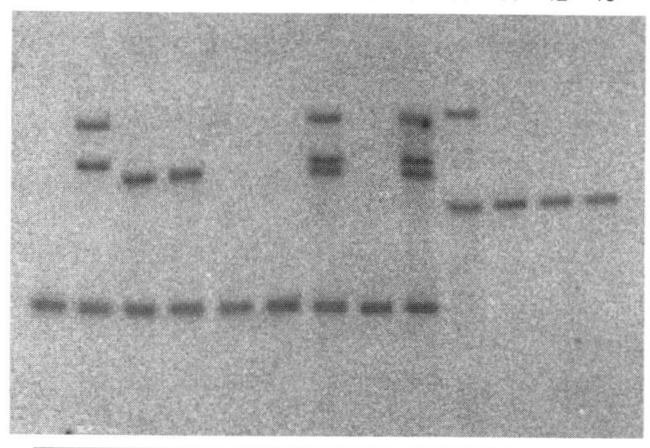

図9.4 サザンブロット解析によるトランスポゾン挿入の解析

インジェクションされた成魚（founder#1 と #2）の子孫 F1 フィッシュの尾鰭 DNA の解析結果を示す．

① F1 フィッシュの尾鰭を切り取り，200 µL の DNA 抽出液中，50℃で 3 時間から一晩保温し，組織を溶解する．フェノール／クロロホルム抽出により DNA を精製し，エタノールで沈澱させ，50 µL の TE に懸濁する．成魚の尾鰭の全体の 1/3〜1/2 の切除により約 20〜30 µg の DNA が得られる．

② 2.5 µg のゲノム DNA を BglII（もしくは導入遺伝子内部を 1 か所切断するような制限酵素）で消化する．1% TAE アガロースゲルを用いて電気泳動を行い，サンプルが完全に消化されたことを確認する．ゲルを 0.1 N の塩酸に 15 分間浸し，脱イオン水ですすぐ．次に 0.5 N の水酸化ナトリウムに 30 分間浸し，水ですすぎ，10x SSC に 2 分間浸す．

③ 10x SSC にあらかじめ浸した Hybribond-N+（GE Healthcare 社）とゲルを真空トランスファー装置（BS-31，（株）バイオクラフト）にセットアップする．製造元のプロトコールに従ってトランスファーを実行する．転写後，メンブレンを 1xSSC ですすぎ，50℃で 1 時間

から一晩放置し完全に乾燥させる．

④プローブを以下のように調製する：*Tol2* ドナープラスミド DNA から，適当に PCR プライマーを設計し，PCR DIG probe synthesis KIT（Roche 社）を用いてジゴキシゲニンで標識された PCR 産物を生成する．

⑤メンブレンをプラスチックバッグに入れ，あらかじめ温めておいた DIG Easy Hyb（Sigma-Aldrich 社）を 22.5 mL 入れる（10 mL/メンブレン 100 cm^2）．空気を抜いてシールし，42℃で 30 分以上振とうする（prehybridization）．

⑥ Hybridization mix を調製する．プローブ 7 µL と滅菌 Milli-Q 水 50 µL を混合し，100℃で 5 分加熱後，氷冷．あらかじめ 42℃に加温した DIG Easy Hyb 8 mL に加える．

⑦プラスチックバッグ中の DIG Easy Hyb を捨て，ただちに Hybridization mix を加える．42℃で一晩保温，振とうする（hybridization）．

⑧メンブレンを蓋つき浅底の容器に移す．200 mL の 2x 洗浄バッファー（2xSSC，0.1% SDS）中で 5 分間 × 2 回振とうする（室温）．200 mL の 0.5x 洗浄バッファー中で 15 分間 × 2 回振とうする（65℃）．100 mL の MABT 中で 2 分間振とうする（以降，室温）．100 mL のブロッキング溶液中で 30 分以上振とうする（blocking）．25 mL の抗体溶液中で 30 分振とうする（抗体反応）．100 mL の MABT 中で 15 分間 × 2 回振とうする．20 mL の検出バッファー中で 3 分間振とうする．メンブレンをプラスチックバッグの内側に置き，CDP-Star を 2〜3 mL 滴下する（1 mL/ 100 cm^2）．LAS 4000（富士フイルム（株））などで解析する．バンドのサイズや本数は制限酵素やプローブ領域によって決まる．

g. インバース PCR による *Tol2* 挿入部位の同定

Tol2 トランスポゾン転移システムによりゲノムに挿入された外来遺伝子の位置は，インバース PCR，アダプターライゲーション PCR など，PCR に基づく方法で決定することができる（図 9.5）．

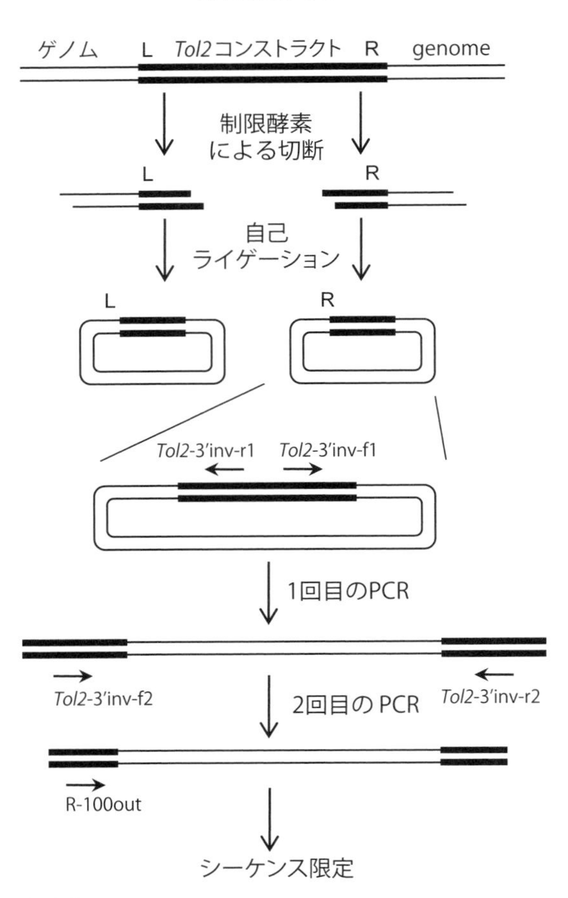

図9.5 トランスポゾン挿入のインバース PCR による解析の概略図

① 10 µL の反応緩衝液中で，1 µg のゲノム DNA を MboI で 37℃，1 時間消化する．DNA サンプルを 70℃で 15 分間保温して MboI を熱失活させたのち，430 µL の水を加え，70℃で 10 分間保温し，16℃に冷却する．

② 10xT4 DNA ライゲーションバッファー（タカラバイオ（株））50 µL と T4 DNA リガーゼ 2 µL を加え，サンプルを 16℃で 3 時間から一晩保温する．

③ 50 µL の 3 M 酢酸ナトリウム（pH 5.2）と 1 mL のエタノールをサンプルに加え，−20℃で 30 分間冷却する．サンプルを 4℃，20 分間 15,000 rpm で遠心後，70% エタノールでリン

スし，20 μL 水に懸濁する．

④（図9.5はR側のみ表す）10 μLのライゲーションサンプルを使用して，*Tol2*-3 ′inv-f1と*Tol2*-3 ′inv-r1を使用して最初のPCR（全量50 μL ，30サイクル，94℃：30秒間，57℃：30秒間，72℃：1分間）を行う．1 μLの最初のPCR産物を使用して，*Tol2*-3 ′inv-f2と*Tol2*-3 ′inv-r2*Tol2*を使用して2回目のPCR（30サイクル，94℃：30秒間，57℃：30秒間，72℃：1分間）を行う．

⑤ 1.5% TAE-アガロースゲルでPCR産物を分析し，ゲルから抽出，R100-outプライマーを用いてシーケンシング解析を行う（図9.5）．シーケンスで得られた配列をゼブラフィッシュのゲノムデータベースでBLASTサーチして*Tol2*挿入部位を同定する．

⑥ *Tol2*-3′inv-f1，*Tol2*-3′inv-f2，*Tol2*-3′inv-r1，*Tol2*-3′inv-r2プライマーは，*Tol2*内の*Mbo*Iサイトから末端までに位置する*Tol2*内部から外向きのプライマーである．インバースPCRのために利用する制限酵素部位，プライマーの塩基配列は，使用するドナーコンストラクトに応じて，最適化する必要がある．

Tol2-3′inv-f1：
5′-AGTACAATTTTAATGGAGTACT-3′
Tol2-3′inv-r1：
5′-TGAGTATTAAGGAAGTAAAAGT-3′
Tol2-3′inv-f2：
5′-TTTACTCAAGTAAGATTCTAG-3′
Tol2-3′inv-r2：
5′-AAAGCAAGAAAGAAAACTAGAG-3′
L100-out：
5′-AGTATTGATTTTTAATTGTA-3′

9.2 トランスポゾン転移システムの長所

Tol2トランスポゾン転移システムを用いたトランスジェニックゼブラフィッシュ作製法は非常に効率がよい．マイクロインジェクションした胚から育てた成魚の50〜70%から得られ，次世代の子孫中に10〜100%の割合でトランスジェニックフィッシュを得ることができる．すなわち，マイクロインジェクションしたゼブラフィッシュ成魚（F0）10匹を交配させると，そのうち5匹以上のF1子孫にトランスジェニックフィッシュを見出すことが期待できる．今では，この方法はゼブラフィッシュ研究のためになくてはならない方法となっている．

さらに，トランスポゾン転移システムを用いたトランスジェニックフィッシュ作製には，次のようなメリットがある．第一に，外来遺伝子を単一コピー有するトランスジェニックフィッシュを容易に作製することができる．プラスミドDNAを受精卵に注入する方法により作製されたトランスジェニックフィッシュでは，外来遺伝子が数十〜数百コピー，コンカテマーの状態で組み込まれることもある．そのような様式で組み込まれた外来遺伝子は，その発現がサイレンシングされることもしばしば見られるが，トランスポゾンによる単一挿入では，その心配が少ない．第二に，トランスポゾンがカセットのようにはたらくため，外来遺伝子の「端から端まで」の組み込みが保証される．第三に，トランスポゾン挿入は，挿入部位近傍のゲノムの大規模な欠失，重複などの再編成を引き起こさない．第四に，トランスポゾン挿入はゲノム中のランダムな位置に行われる．挿入はクリーンヒットであるので，挿入部位をインバースPCR，アダプターライゲーションPCRなど，PCRに基づく方法で解析可能である．

〔川上浩一〕

>>> 引用文献

Amsterdam, A. et al., The Aequorea victoria green fluorescent protein can be used as a reporter in live zebrafish embryos, *Dev. Biol.*, **171** (1), 123-9 (1995).

Kawakami, K., *Tol2*: a versatile gene transfer vector in vertebrates, *Genome Biol.*, **8**, Suppl 1, S7 (2007).

Kawakami, K. et al., Excision of the *Tol2* transposable element of the medaka fish, *Oryzias latipes*, in zebrafish, *Danio rerio, Gene*, **225** (1-2), 17-22 (1998).

Kawakami, K. and A. Shima, Identification of the *Tol2* transposase of the medaka fish *Oryzias latipes* that catalyzes excision of a nonautonomous *Tol2* element in zebrafish *Danio rerio, Gene*, **240** (1), 239-44 (1999).

Kawakami, K. et al., Identification of a functional transposase of the *Tol2* element, an *Ac*-like element from the Japanese medaka fish, and its transposition in the zebrafish germ lineage, *Proc. Natl. Acad. Sci. U S A*, **97** (21), 11403-8 (2000).

Kawakami, K. et al., A transposon-mediated gene trap approach identifies developmentally regulated genes in zebrafish, *Dev. Cell*, **7** (1), 133-44 (2004).

Koga, A. et al., Transposable element in fish, *Nature*, **383** (6595), 30 (1996).

Stuart, G. W. et al., Replication, integration and stable germ-line transmission of foreign sequences injected into early zebrafish embryos, *Development*, **103** (2), 403-12 (1988).

Urasaki, A. et al., Functional dissection of the *Tol2* transposable element identified the minimal cis-sequence and a highly repetitive sequence in the subterminal region essential for transposition, *Genetics*, **174** (2), 639-49 (2006).

第10章 遺伝子の機能阻害

10.1 ゼブラフィッシュにおける遺伝子の機能解析

ゼブラフィッシュは，遺伝子の機能を個体レベルで解析するのに適したモデル生物である．目的の遺伝子を破壊した変異体を作製できれば，生体内での遺伝子機能を調べることができる．樹立した変異体は，その遺伝子の不全が原因で引き起こされるヒトの病気の疾患モデル生物として病態の進行過程を解析可能であり，また，その症状を抑える治療薬の探索にも活用できる．近年のゲノム編集技術の革新的発展により，ゼブラフィッシュのモデル生物としての有用性はますます高まっている．

10.2 遺伝子の機能を解析する方法

遺伝子の機能を解析する方法として，個体発生過程において標的遺伝子産物の量を増やす，あるいは，機能を抑制する解析法が開発されている．たとえば標的遺伝子に対するmRNAを人為的にゼブラフィッシュの受精卵に注入することで標的タンパク質を過剰発現（overexpression）させることが可能であり，その処理胚の表現型解析から遺伝子の生理機能を推測することができる（Kawahara et al., 2000）．この手法により標的タンパク質の過剰発現を胚全体で誘導することは容易であるが，ある特定の発生段階や特定の領域だけに発現を誘導することは困難である．そのため器官形成を制御する転写因子を受精卵（1細胞期）から過剰に発現させた場合，解析したい発生段階以前の体軸形成の段階で発生異常を示すことも多い．それを回避する手法として，GAL4/UASシステムのように標的遺伝子産物の発現誘導を時空間的に制御できる解析システムも開発されている（Asakawa and Kawakami, 2008）．

遺伝子の機能を抑制する方法としては，10.3節で紹介するアンチセンス・モルフォリノを受精卵に注入し標的遺伝子の機能を一過性に抑制する解析法（ノックダウン：knockdown）や標的遺伝子を破壊した機能欠損変異体（ノックアウト：knockout）を作製して観察する解析法がある．ゼブラフィッシュでは，マウスで威力を発揮している胚性幹細胞（Embryonic Stem cell : ES cell）が樹立できておらず，ターゲティングベクターとの相同組換えを利用したゲノム改変による遺伝子破壊がこれまで困難であった．そこで2003年にCuppenらのグループはTILLING（Targeting Induced Local Lesion In Genome）法をゼブラフィッシュ変異体の作製に応用した（Wienholds et al., 2003）．これはENU（*N*-エチル-*N*-ニトロソウレア）などの化学変異原で誘導された点突然変異を含むゲノムDNAライブラリーをシーケンシングで検索して標的遺伝子に変異が導入されている変異体候補を最初に同定し，その個体の凍結保存された精子から標的遺伝子に変異をもつ個体を樹立するものである．このTILLINGによる変異体の作製は，ミスセンス変異のような点突然変異の頻度が高いこと，加えて標的遺伝子のシーケンシングのプロセスが非常に煩雑で労力を要することがデメリットであった．現在では，後述のゲノム編集技術CRISPR/Cas9が普及し，目的の遺伝子が破壊された系統を簡単に樹立できる．

10.3 アンチセンス・モルフォリノを用いた一過性の機能阻害（ノックダウン）

2000年にEkkerらのグループは，モルフォリノ・オリゴヌクレオチドとよばれるRNAに親和性が高いモルフォリノ環をバックボーンにもつアンチセンス鎖（アンチセンス・モルフォリノ）を受精卵に注入することで標的mRNAの機能を一過的に抑制できることを発表した（Nasevicius and Ekker, 2000）．その論文の中で，既知の変異体の原因遺伝子に対するアンチセンス・モルフォリノを正常な受精卵に注入することにより（その個体はモルファントとよばれる），変異体と同じ表現型が誘導されることが示された．具体的には*chordin*および*tbxt*（*T-box transcription factor T*）遺伝子に対するアンチセンス・モルフォリノによる一過性の機能阻害が*chordino*変異体および*no tail*変異体と類似の形態異常を示すことが報告された．モルフォリノは，ATG開始コドン付近に標的部位を定めると母性および接合体由来のmRNAの両方に対してタンパク質への翻訳を阻害することができ，スプライシング部位に標的部位を設定することにより接合体由来のmRNAを特異的に阻害することができる．この手法は非常に簡便であるため多くの研究者が未解析遺伝子の機能解析に利用しているが，その後モルフォリノによる*p53*遺伝子の活性化など非特異的な効果が問題視されるようになった（Robu et al., 2007）．近年，ゲノム編集技術で作製した変異体の表現型とモルフォリノによるノックダウンの表現型が一致しない例が次々に報告されている（Kok et al., 2015）．多くの場合，ノックダウンでは発生異常が見られるが，ゲノム編集技術で作製したノックアウト個体では表現型が見られない．最近，genetic compensationという現象が発見され（Rossi et al., 2015；コラム参照），ノックダウン実験とノックアウト実験の結果が一致しない原因の1つとして注目されている．

Stainierらはゼブラフィッシュでアンチセンス・モルフォリノを使用する際のガイドラインを提唱している（Stainier et al., 2017）．その中でも

コラム genetic compensation

Stainierのグループはアンチセンス・モルフォリノでノックダウンしたモルファント個体とCRISPR/Cas9で遺伝子破壊したノックアウト個体のRNAとタンパク質を比較すると，一部の転写産物とタンパク質がノックアウト個体で増える，つまりノックアウト個体では特定の遺伝子の発現が誘導されるという現象を発見し，genetic compensationと名づけた（Rossi et al., 2015）．一般に，最終エキソン（polyA付加シグナルがある）ではないエキソンに終止コドンがある場合，転写産物はナンセンス変異依存mRNA分解（nonsense-mediated mRNA decay）という機構により積極的に分解される（Baker and Parker, 2004）．ノックアウト個体のうち最終エキソン以外のエキソンに終止コドンができている場合では，ナンセンス変異依存mRNA分解により標的遺伝子のmRNAが分解され，その短いRNA断片がたくさん存在することになり，これがパラログやオーソログの発現を誘導するとされる（El-Brolosy et al., 2019）．しかし，RNA断片がどういう機構で相同遺伝子の発現を高めるのかなど，genetic compensationのメカニズムには不明の点も多く，今後の解明が待たれる．

ノックアウト個体の表現型と比較することを推奨しており，モルファント個体の解析だけで未解析遺伝子の機能解析を行うことは危険であろう．ゲノム編集による変異体作製がきわめて容易になったことから，ゲノム改変を基盤とした機能欠損変異体の表現型解析をまず行い，変異体の表現型がオフターゲット効果ではないことを示す傍証としてモルフォリノによる機能阻害実験の結果を利用するのがよいだろう．コラムに示したgenetic compensationがどのくらいの頻度で起こっているかは現時点で不明であるが，複数のCRISPRを用いたゲノム編集で標的遺伝子のプロモーター領域から開始コドン付近まで，あるいは標的遺伝子のコード領域を丸ごと取り除き，genetic compensationが生じない遺伝子破壊を行うのがベストだろう．

10.4 ゲノム編集技術の変遷：ZFN，TALENからCRISPR/Cas9へ

ゲノム編集技術とは，高い配列特異性をもつ人工のDNA切断酵素を用い標的ゲノム部位にDNA二重鎖切断を誘導する技術である．たとえば従来の制限酵素は，ある特定の認識配列を切断できるが（6塩基認識の制限酵素の場合，ゼブラフィッシュのゲノム1,700 Mbを40万か所で切断できる），ある目的の標的ゲノム部位だけに作用させることはできなかった．ゲノム編集で標的遺伝子のコード領域だけに二重鎖切断を誘導することができれば，それに連動したゲノム修復の1つである非相同末端結合により高い頻度で挿入・欠失変異が導入されることになり，フレームシフトによる遺伝子破壊を誘導できる．さらに，ゲノム編集ツールとともに外来遺伝子を含むベクターを細胞に導入すると，相同組換えを利用した外来遺伝子の標的ゲノム部位への挿入（ノックイン）も可能である．つまり，配列特異性の高い人工ヌクレアーゼさえ作製できれば，ゲノムを自在に編集することが可能な状況にあった．

1996年に開発された第1世代の人工ヌクレアーゼがジンクフィンガーヌクレアーゼ（Zinc Finger Nuclease：ZFN）である（Kim et al., 1996）．このZFNは，DNA結合ドメインであるジンクフィンガードメインとFokI制限酵素の活性部位を連結したキメラタンパク質であり，FokIは二量体を形成して二本鎖切断酵素としてはたらくので，標的ゲノム部位をまたぐようにセンス鎖とアンチセンス鎖を認識するZFNをデザインすると，1組のFokIヌクレアーゼ活性部位がDNA二重鎖切断を誘導する．1ジンクフィンガーは3塩基を認識するので，4ジンクフィンガーをもつZFNは12塩基を特異的に認識する．つまり，1組のZFNは両鎖で24塩基を認識するので，さまざまな生物種において論理的にある特定のゲノム部位を特異的に認識し切断することができる．このZFNはこれまでになかった画期的なゲノム改変ツールであり，多くの研究者が自前でのコンストラクトの作製にトライしたがジンクフィンガーどうしが塩基の認識に干渉する場合が多く，特異性の高いZFNの作製がきわめて困難だったことから広く普及する技術とはならなかった．

2010年には，第2世代の人工ヌクレアーゼであるTALEN（Transcription Activator-Like Effector Nuclease）が開発された（Christian et al., 2010）．TALENは，DNA結合ドメインとして植物病原菌キサントモナスのTALEドメインとFokI制限酵素の活性部位を融合したものである（**図10.1A**）．TALEドメインは33〜34アミノ酸からなるDNA結合ドメイン（TALEリピート）の繰り返し構造であり，各塩基に異なる親和性をもつTALEリピートを標的ゲノム配列の順番でつなげることにより任意の標的ゲノム配列に結合が可能なTALENを構築できる．川原らのグループは小型魚類の受精卵におけるゲノム編集に最適化したTALEN構築システムを開発した．実際に，スフィンゴシン-1-リン酸（S1P）の受容体（*s1pr2*）に対するTALENをゼブラフィッシュ受精卵に注入すると，その個体で*s1pr2*変異体と同じ二叉心臓の表現型が高頻度で観察される

A　TALEN

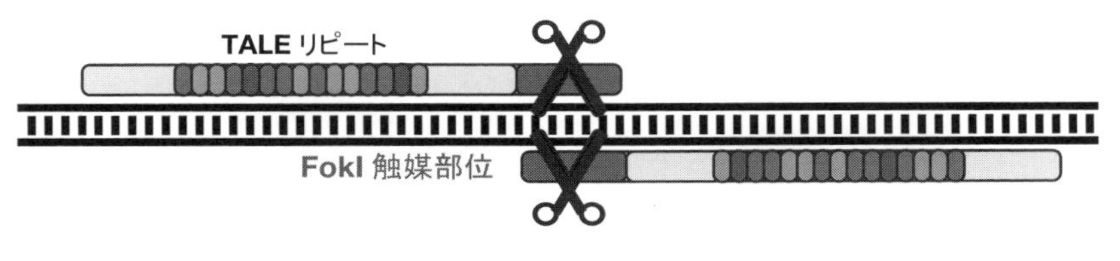

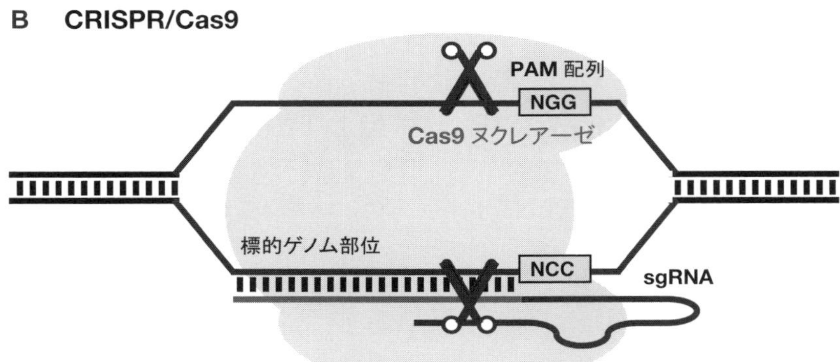

図10.1　TALEN と CRISPR/Cas9 の構造

A：TALEN は，DNA 結合能を有する TALE ドメインと FokI 制限酵素の触媒部位が連結したキメラタンパク質である．各塩基に親和性の高い TALE リピートを組み換えることにより標的ゲノム部位に対する高い結合能を付加できる．FokI の触媒活性は二量体で機能するので，センス鎖とアンチセンス鎖で隣接するように設計することで両者の間で DNA 二重鎖切断を誘導できる．

B：CRISPR/Cas9 について sgRNA の 5′ 側の 20 塩基は，標的ゲノム部位と相補的な配列をもつ．Cas9 ヌクレアーゼは，sgRNA と複合体を形成し PAM 配列を認識しながらその 3 塩基内部で DNA 二重鎖切断を誘導する．

ことから（図 10.2；Hisano et al., 2014），TALEN によるゲノム編集の効率はよく，両アレルに挿入・欠失変異を誘導できる．TALEN は，TALE リピートの組換えに必要なモジュールライブラリーを用い 1 週間程度で構築できるので，ZFN と比較して自前でコンストラクトの作製が可能なゲノム編集ツールとして広く普及すると期待されたが，10.5 節で述べる CRISPR/Cas9 があまりに簡単に必要なコンストラクトの構築ができるために，ゲノム編集ツールの主役の座は明け渡すことになった．

10.5　CRISPR/Cas9 によるノックアウト

2012 年に Doudna と Charpentier らのグループは，細菌の外来遺伝子の排除機構である獲得免疫機構をゲノム編集技術に応用した CRISPR/Cas9（Clastered Regularly Interspaced Short Palindromic Repeats/CRISPR-associated protein 9）を発表した（Jinek et al., 2012）．細菌はバクテリオファージに感染しても，細菌内でバクテリオファージ DNA を Cas9 ヌクレアーゼで切断し，バクテリオファージの DNA 断片を反復配列に挟まれたスペーサー配列形態として CRISPR 座位に組み込む．細菌が再度同じバクテリオファージに感染した場合，この CRISPR 座位から CRISPR RNA（crRNA）が転写され，トランス活性化型 crRNA（tracrRNA）と Cas9 ヌクレアーゼと複合体を形成し，細菌内に侵入してきたバクテリオファージ DNA を切断する．その際，複合体中の

crRNAはPAM（Protospacer Adjacent Motif）配列に隣接するDNA配列に相補的に結合することで標的配列を認識してCas9によるDNA二本鎖切断を誘導する．化膿レンサ球菌（*Streptococcus pyogenes*）のCas9（SpCas9）のPAM配列は5′-NGG-3′であり塩基配列の制約がわずか2塩基であることから汎用性が高く，あらゆる生物種の細胞で自在にゲノム編集を行うのに使われる．また，Zhangらのグループがcrの RNAとtracrRNAをテトラループで連結したsgRNA（single-guide RNA）が機能することを報告し（**図10.1B**），培養細胞からさまざまな受精卵まで広くゲノム編集に利用されるようになった（Cong et al., 2013）．

CRISPR/Cas9で標的遺伝子の破壊を行うには，標的遺伝子のコード領域内にsgRNAの標的部位をデザインすればよい．実際に*s1pr2*遺伝子に対する*s1pr2*-sgRNAとCas9 mRNAをゼブラフィッシュ受精卵に注入することで，二叉心臓の表現型が高い頻度で観察された（Ota et al., 2014）．この表現型は，*s1pr2*に対するTALENを注入したF0胚および*s1pr2*変異体胚とまったく同じであり（**図10.2**），CRISPR/Cas9による挿入・欠失変異が高い頻度で両アレルに導入されることが確認された．

川原らのグループは，sgRNAは100塩基を超えるので化学合成に不向きであるが，crRNA（約40塩基）とtracrRNA（約60塩基）は比較的短く化学合成が容易であること，加えてtracrRNAは複数の標的部位に対するcrRNAに共用できるという特性を活かして，ゼブラフィッシュで複数の遺伝子を同時に破壊する手法を開発した（Kotani et al., 2015）．さらに，Cas9 mRNAの代わりにリコンビナントCas9タンパク質を使用することでCas9 mRNAの翻訳に要する時間を短縮した速効型のゲノム編集を確立した．これらのマテリアルはすべて市販されており（FASMACやIDTなど），コンストラクトの構築やRNA合成に不慣れな研究者も簡単にゲノム編集を行うことができる．最近，川上らのグループは，複数のsgRNAとtRNAを連結した前駆体RNAをゼブラフィッシュに導入すると，tRNAが前駆体RNAから切り出される際に複数のsgRNAが産生されることを報告した（Shiraki and Kawakami, 2018）．この手法も複数遺伝子の同時破壊やGAL4/UASシステムとの組み合わせで組織特異的に複数の遺伝子を破壊するときにたいへん有用である．

CRISPR/Cas9において設計したcrRNAが標的ゲノム配列以外の相同性が認められるゲノム部位ではたらくオフターゲット効果の問題点が指摘されている．crRNAの標的塩基配列への認識は，PAM配列に近い領域は特異性が高く，5′末端側ではミスマッチを許容しやすくなることが報告されている（Hsu et al., 2013）．実際に培養細胞ではある程度の頻度でオフターゲット部位に変異が

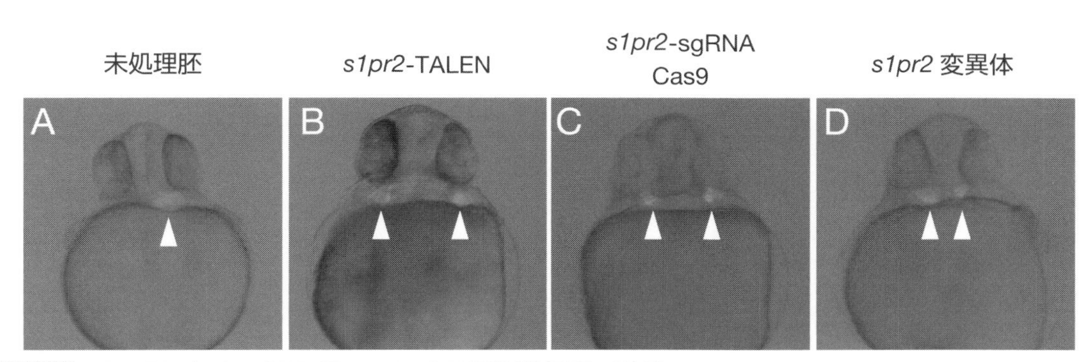

図10.2 TALENとCRISPR/Cas9による標的遺伝子の破壊

A：未処理胚．B：*s1pr2*-TALENを注入したF0胚．C：*s1pr2*-sgRNAとCas9 mRNAを注入したF0胚．D：*s1pr2*変異体胚．
白矢頭は心臓の位置を示す．B〜Dでは心臓前駆細胞の移動が抑制され二叉心臓の表現型が観察された．

導入される．CRISPR/Cas9をゼブラフィッシュ受精卵に注入したF0胚の解析結果では，オフターゲット部位への変異の導入はほとんど認められなかった（Hruscha et al., 2013）．培養細胞と比較し個体発生の初期胚におけるオフターゲット変異は少ないので，オフターゲット効果を抑制する何らかの機構が存在するのかもしれない．オフターゲット効果を回避する方法として，Cas9の触媒部位の1つを不活性化させ，一本鎖切断を誘導するCas9（D10A）を用いるダブルニッキング法が開発されている（Ran et al., 2013）．この手法では近接する2つのsgRNAが機能した場合のみゲノム編集が可能となるように工夫することで特異性を高めている．しかしながら，Cas9（D10A）は野生型のCas9よりゲノム編集効率が低く，ゼブラフィッシュでは変異体を樹立する過程で野生型系統と交配することによりオフターゲット効果を排除できることからCas9（D10A）をゼブラフィッシュで利用するメリットは少ない．

プロトコール CRISPR/Cas9

以下にゼブラフィッシュにおけるCRISPR/Cas9の実験例を示す．

① sgRNAとCas9 mRNAの調製

CRISPR/Cas9の標的部位は，CRISPR direct（https://crispr.dbcls.jp）でデザインできる．BsaIで切断したpDR274ベクター（addgene：42250）に*s1pr2*-sgRNA標的部位（センス鎖：5′-TATAGGATGTAGCCCAGACCGCTGG-3′とアンチセンス鎖：5′-AAAACCAGCGGTCTGGCTACATCC-3′をアニールさせた合成オリゴヌクレオチド）を挿入し，*s1pr2*-sgRNA発現ベクターを構築する．このsgRNA発現ベクターをDraIで切断し，MAXIscript T7 kit（Thermo Fisher Scientific社）を用い*s1pr2*-sgRNAを転写させる．pCS2+hSpCas9（addgene：51815）をNotIで切断し，mMESSAGE mMACHINE SP6 kit（Thermo Fisher Scientific社）を用いてCas9 mRNAを合成する．

② crRNAとCas9タンパク質の調製

図で使用しているcrRNAとtracrRNAは，spns2-crRNA：5′-GGATGTAGCCCAGACCGCTGGUUUUAGAGCUAUGCUGUUUG-3′

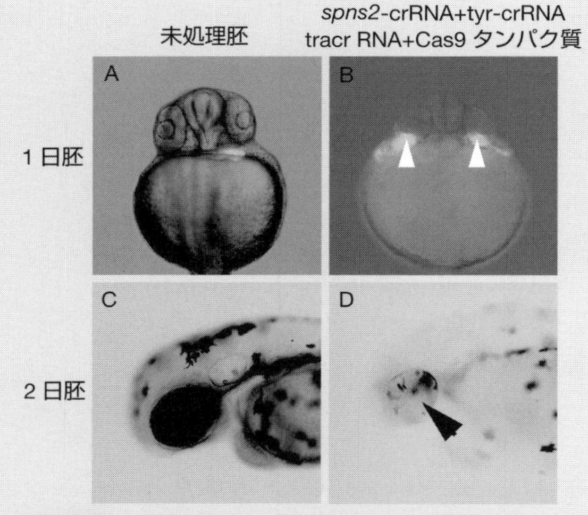

図 CRISPR/Cas9による多重遺伝子の破壊

A：未処理1日胚．B：*spns2*-sgRNA, *tyr*-sgRNAとCas9タンパク質を注入した1日胚．C：未処理2日胚．D：*spns2*-sgRNA, *tyr*-sgRNAとCas9タンパク質を注入した2日胚．
Spns2はS1P輸送体であり、*spns2*遺伝子の破壊は*s1pr2*遺伝子の破壊と同じように二叉心臓の表現型を示す。Tyrosinase（Tyr）は色素合成に必須の酵素であり、その遺伝子破壊は色素合成が阻害される。白矢頭は二叉心臓の位置を示す。黒矢印は網膜色素上皮細胞での色素合成異常を示す。

(41 mer), tyr-crRNA：5'-UGUCCAGUCUG GCCCGGCGAGUUUUAGAGCUAUGCU GUUUG-3' (41 mer), tracrRNA：5'-AAAC AGCA UAGCAAGUUAAAAUAAGGCUAGUCCGUUAU CAACUUGAAAAAGUGGCACCGAGUCGGUG CU-3' (69 mer) であり（株）ファスマックや Integrated Device Technology 社などの企業から購入できる．Cas9 タンパク質も上記の企業から入手できる．

③ゲノム編集ツールの受精卵への注入

ゲノム編集溶液（*s1pr2*-sgRNA 25 ng/μL, Cas9 mRNA 250 ng/μL あるいは *s1pr2*-crRNA 25 ng/μL *tyr*-crRNA 25 ng/μL, tracrRNA 100 ng/μL, Cas9 タンパク質 400 ng/μL）を調製する．ゼブラフィッシュ受精卵を準備し上記のゲノム編集溶液 1 nL を 1 細胞期の割球に注入する．

④挿入・欠失変異の HMA による検出

HMA（Heteroduplex Mobility Assay：ヘテロ二本鎖移動度分析）は，ホモ二本鎖 DNA に対しミスマッチを含むヘテロ二本鎖 DNA が電気泳動の際に遅く泳動されることを利用した解析法である（Ota et al., 2013）．ゲノム編集ツールを受精卵に注入した F0 胚や生殖系列移行で変異が固定された F1 胚では，標的ゲノム部位に挿入・欠失変異が導入されているので，その部位をまたぐようにプライマーをデザインし（100～200 塩基のサイズ）PCR 法で増幅する．増幅した DNA をポリアクリルアミドゲルで電気泳動すると野生型と変異体の長さに由来するバンド（ホモ二本鎖 DNA）と野生型と変異体からなるバンド（ヘテロ二本鎖 DNA）に分離できるので，遺伝子型や導入された変異の性状を解析できる．

10.6 CRISPR/Cas9 を利用した応用技術

標的遺伝子の破壊が発生初期の体軸形成期に異常を示す場合，その後の器官形成過程における遺伝子機能を調べるためには組織特異的に遺伝子を破壊する必要がある．Zon らのグループは，組織特異的に Cas9 ヌクレアーゼを発現させることで，特定の細胞集団だけにゲノム編集を行えることを報告した（Ablain et al., 2015）．赤血球特異的転写因子である *gata1* 遺伝子のプロモーターで Cas9 を発現させ，RNA pol III 系の U6 プロモーターでヘム合成酵素の 1 つである *urod* 遺伝子に対する sgRNA を発現するトランスジェニック系統を樹立した．この系統由来の胚は，*urod* 変異体と同じようにヘモグロビンの産生不全の表現型を示した．このとき，*urod* 遺伝子座の約 70% で変異が誘導されていることが確認されている．

マウスでは，標的遺伝子を Cre リコンビナーゼ標的配列である loxP で挟んだ遺伝子座を保有する系統を作製し，組織特異的に Cre リコンビナーゼを発現する系統と交配することで，特定の組織で標的遺伝子を抜き出すコンディショナルノックアウトの手法が威力を発揮している．Balciunas のグループは，sgRNA および Cas9 mRNA と一緒に loxP 配列の前後に 21 塩基の相同配列を付加した合成オリゴヌクレオチドをゼブラフィッシュ受精卵に注入することで，目的の遺伝子座に loxP を挿入した系統を樹立した（Burg et al., 2018）．この操作を繰り返すことによりゲノム欠損を誘導したい領域を loxP で挟んだ floxed 変異体系統も作製されている．さらに，タモキシフェン誘導型の Cre リコンビナーゼの発現により標的のゲノム領域が抜き出せること，得られたノックアウト個体は予想どおりの表現型を示すことが確認された．Cre リコンビナーゼを時空間的に制御できるトランスジェニック系統と交配することにより組織特異的に標的遺伝子を破壊するコンディショナルノックアウトによる解析がゼブラフィッシュでも可能となった．外来遺伝子を目的のゲノム領域に挿入するノックイン法もさまざまに開発されており，第11章で詳しく紹介する．

最近，SchierとShendureのグループは，CRISPR/Cas9を細胞系譜の新たな解析法として利用するGESTALT（Genome Editing of Synthetic Target Arrays for Lineage Tracing）を開発した（McKenna et al., 2016）．10種類のsgRNA標的部位をもつCRISPR/Cas9アレイをゼブラフィッシュ受精卵に注入して，ランダムにゲノム編集を起こさせると，各細胞に固有の非可逆的な変異が初期発生過程で導入される．成魚まで育てて各臓器から細胞を採取してシーケンシングすれば，変異は細胞固有のバーコードとしてとらえることが可能で，細胞系譜を明らかにできる．Schierらは，最初にさまざまな臓器に由来する20万個の細胞から細胞系譜解析の基準となる1,000種類のバーコードアレルを同定したが，驚いたことに，ほとんどの臓器由来の細胞の半数以上が7つ以下のバーコードアレルで細胞系譜を解析できた．つまり，脳を除く臓器の多くは比較的少数の胚性前駆細胞に由来することが明らかとなった．このGESTALTはゼブラフィッシュに限らず，受精卵が入手可能な多細胞生物の細胞系譜解析や癌化や病気に直接相関する前駆細胞の集団を同定する研究に威力を発揮するであろう．このようにゲノム編集技術は，これまで難しかった特定の標的ゲノム配列に直接アプローチできる生命科学研究には必要不可欠な技術であり，あらゆる生物種のゲノムを自在に編集できるようになった．

〔川原敦雄〕

>>> 引用文献

Ablain, J. et al., A CRISPR/Cas9 vector system for tissue-specific gene disruption in zebrafish, *Dev. Cell,* **32** (6), 756-64 (2015).

Asakawa, K. and K. Kawakami, Targeted gene expression by the Gal4-UAS system in zebrafish, *Dev. Growth Differ.*, **50** (6), 391-9 (2008).

Baker, K. E. and R. Parker, Nonsense-mediated mRNA decay: terminating erroneous gene expression, *Curr. Opin. Cell Biol.*, **16** (3), 293-9 (2004).

Burg, L. et al., Conditional mutagenesis by oligonucleotide-mediated integration of loxP sites in zebrafish, *PLoS Genet.*, **14** (11), e1007754 (2018).

Christian, M. et al., Targeting DNA double-strand breaks with TAL effector nucleases, *Genetics*, **186** (2), 757-61 (2010).

Cong, L. et al., Multiplex genome engineering using CRISPR /Cas systems, *Science*, **339** (6121), 819-23 (2013).

El-Brolosy, M. A. et al., Genetic compensation triggered by mutant mRNA degradation, *Nature*, **568** (7751), 193-7 (2019).

Hisano, Y. et al., Genome editing using artificial site-specific nucleases in zebrafish, *Dev. Growth Differ.*, **56** (1), 26-33 (2014).

Hruscha, A. et al., Efficient CRISPR/Cas9 genome editing with off-target effects in zebrafish, *Development*, **140** (24), 4982-7 (2013).

Hsu, P. D. et al., DNA targeting specificity of RNA-guided Cas9 nucleases, *Nat. Biotech.*, **31** (9), 827-32 (2013).

Jinek, M. et al., A programmable dual-RNA-guided DNA endonuclease in adaptive bacterial immunity, *Science*, **337** (6096), 816-21 (2012).

Kawahara, A. et al., Antagonistic role of *vega1* and *bozozok/dharma* homeobox genes in organizer formation, *Proc. Natl. Acad. Sci. U S A*, **97** (22), 12121-6 (2000).

Kim, Y. G. et al., Hybrid restriction enzymes: zinc finger fusions to Fok I cleavage domain, *Proc. Natl. Acad. Sci. U S A*, **93** (3), 1156-60 (1996).

Kok, F. O. et al., Reverse genetic screening reveals poor correlation between morpholino-induced and mutant phenotypes in zebrafish, *Dev. Cell*, **32** (1), 97-108 (2015).

Kotani, H. et al., Efficient multiple genome modifications induced by the crRNAs, tracrRNA and Cas9 protein complex in zebrafish, *PLoS One*, **10** (5), e0128319 (2015).

McKenna, A. et al., Whole-organism lineage tracing by combinatorial and cumulative genome editing, *Science*, **353** (6298), aaf7907 (2016).

Nasevicius, A. and S. C. Ekker, Effective targeted gene 'knockdown' in zebrafish, *Nat. Genet.*, **26** (2), 216-20 (2000).

Ota, S. et al., Efficient identification of TALEN-mediated modifications using heteroduplex mobility assays, *Genes Cells*, **18** (6), 450-8 (2013).

Ota, S. et al., Multiple genome modifications by the CRISPR/Cas9 system in zebrafish, *Genes Cells*, **19** (7), 555-64 (2014).

Ran, F. A. et al., Double nicking by RNA-guided CRISPR Cas9 for enhanced genome editing specificity, *Cell*, **154** (6), 1380-9 (2013).

Robu, M. E. et al., p53 activation by knockdown technologies, *PLoS Genet.*, **3** (5), e78 (2007).

Rossi, A. et al., Genetic compensation induced by deleterious mutations but not gene knockdowns, *Nature*,

524 (7564), 230-3 (2015).
Shiraki, T. and K. Kawakami, A tRNA-based multiplex sgRNA expression system in zebrafish and its application to generation of transgenic *albino* fish, *Sci. Rep.*, **8** (1), 13366 (2018).
Stainier D. Y. R. et al., Guidelines for morpholino use in zebrafish, *PLoS Genet.*, **13** (10), e1007000 (2017).
Wienholds, E. et al., Efficient target-selected mutagenesis in zebrafish, *Genome Res.*, **13** (12), 2700-7 (2003).

第11章 遺伝子ノックイン

11.1 遺伝子ノックインとは

11.1.1 遺伝子ノックイン法の進歩

ノックイン法は標的ゲノム部位に任意の配列を挿入する技術である．ノックイン法を用いることにより，標的遺伝子座へのレポーター遺伝子の挿入や，塩基置換による内在性遺伝子配列の改変などさまざまな解析が可能になる．しかし最近まで，ノックイン法はES細胞（胚性幹細胞）が確立されたマウスで主に使用される技術で，マウス以外のほとんどの動物では使用することができなかった．そのため，ゼブラフィッシュでは，*Tol2*トランスポゾン転移システムなど，ゲノムのランダムな位置に外来遺伝子を挿入する方法で多数のトランスジェニック系統が作製され，さまざまな解析がなされてきた（第9章）．しかし，従来のトランスジェニックフィッシュ作製法では内在性遺伝子の直接的な改変などは不可能で，ノックイン技術が長く切望されてきた．2010年代に入り，驚くべき発展を遂げたゲノム編集技術により，ゼブラフィッシュにおいても，実用的なノックインが可能になった．本章では，ゲノム編集を用いた遺伝子ノックインの一般的なプロセスと，最近ゼブラフィッシュで開発されたさまざまなノックインの手法について紹介する．

11.1.2 遺伝子ノックインのプロセス

ゲノム編集技術を用いて行われるノックインでは，標的ゲノム部位にゲノム編集ツールを用いてDNA二本鎖切断（DSB）を誘導し，それが細胞自身のゲノム修復機構によって修復されるメカニズムを利用して外来遺伝子を導入する（図11.1）．

a. DSBの誘導

標的ゲノム部位へのDSBの誘導には，ゲノム編集ツールであるTALENやCRISPR/Cas9が用いられる（第10章）．TALENはCRISPR/Cas9より先に開発されたゲノム編集技術であり，CRISPRに比べて標的配列が長いため，オフターゲットが少ないという利点があるが，コンストラクト作製操作が煩雑である．CRISPR/Cas9はDNA切断酵素であるCas9と標的配列に結合する短いRNA（sgRNA）の複合体のみで，標的配列を簡単に切断できる．この簡便さから，現在はCRISPR/Cas9の使用が主流になっている．

b. DSBの修復経路とノックイン

DSBは，細胞内の複数の経路によって修復される．ノックインに活用される修復経路には，非相同末端結合（Non-Homologous End-Joining：NHEJ），相同組換え（Homologous Recombination：HR），マイクロホモロジー媒介性末端結合（Microhomology-Mediated End-Joining：MMEJ）などがある（図11.1）．

NHEJはDSBの末端をそのままつなぎ合わせて修復する経路で，鋳型を使用しない．NHEJによるノックインを行う際には，外来遺伝子の切断末端と標的ゲノム部位の切断末端がそのままつなぎ合わされることで，外来遺伝子の挿入が行われる．そのため，外来遺伝子の挿入方向はランダムである．NHEJでは塩基の挿入や欠失などの修復エラーが起こりやすく，つなぎ目に高頻度でエラーが入るという欠点がある．一方で，高効率に挿入できることや，ドナーベクターの構築が簡便であるという利点がある．

HRは長い相同領域（数百塩基以上）を用いて修復を行う経路である．HRによるノックインを行う際には，標的ゲノム部位前後に長鎖相同配列をもつドナーベクターの存在下で，標的ゲノム部位にDSBを導入し，長鎖相同配列の相同組換え

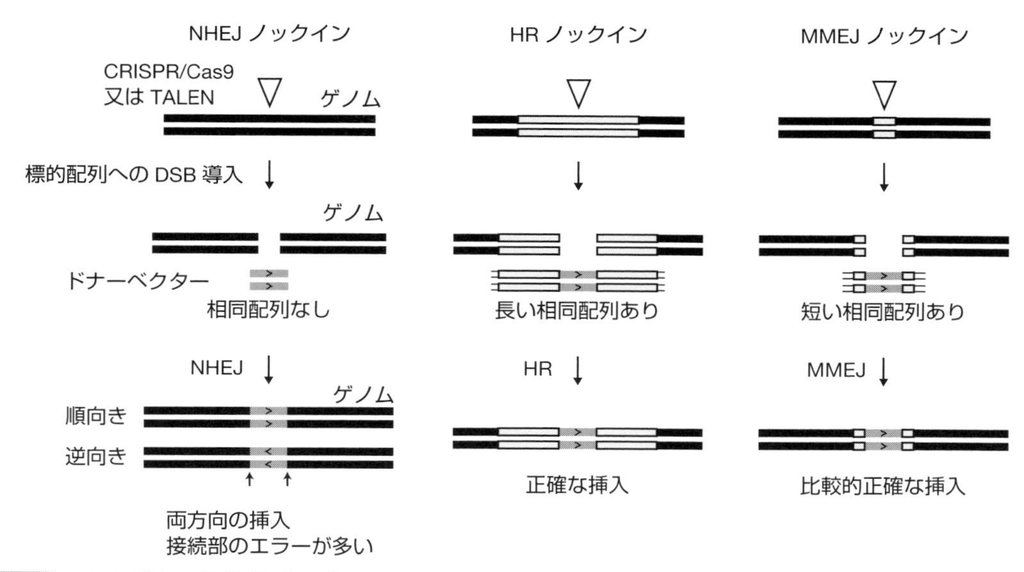

図11.1 さまざまな修復経路を介したノックイン

外来遺伝子存在下で，ゲノム編集ツールによる標的ゲノム部位への二本鎖 DNA 切断 (DSB) を誘導すると，細胞内の修復機構によって，外来遺伝子の挿入が起こる．修復経路には，非相同末端結合（NHEJ），相同組換え（HR），マイクロホモロジー媒介性末端結合 (MMEJ) があり，それぞれ異なる性質がある．

による置換によって，外来遺伝子を導入する．HR によるノックインは正確性が高いことが利点である．一方で，ノックインの効率は NHEJ より低いことが示唆されている．また，長い相同配列を含むドナーベクターの構築が煩雑であることも難点である．

MMEJ は短い相同領域（マイクロホモロジー配列：数塩基～数十塩基）に依存して，NHEJ や HR とも異なる分子メカニズムで修復を行う経路である．MMEJ によるノックインを行う際には，標的ゲノム部位前後にマイクロホモロジー配列をもつドナー DNA の存在下で，標的ゲノム部位に DSB を導入し，MMEJ による修復で外来遺伝子を導入する．MMEJ によるノックインは，正確性やノックインの効率において，NHEJ と HR の中間的な特徴をもつ．

それぞれの経路には，ノックインを行う際の長所と短所があり，目的に応じて使い分けられる．11.2 節では，これらの経路を用いて，ゼブラフィッシュで実際に使われている複数のノックイン法について紹介する．

11.2 ゼブラフィッシュにおけるノックイン

11.2.1 NHEJ によるノックイン

NHEJ によるノックインは，正確性は低いが，ノックインの効率が高いため，ゲノムの正確な改変を必要としない研究で特に有用である．NHEJ ノックインの主要な利用法として，標的遺伝子の転写調節領域の制御下にレポーター遺伝子をノックインしたトランスジェニックフィッシュの作製があげられる．この利用法について，以下に詳しく紹介する．

a. NHEJ によるレポーター遺伝子のノックイン手法

ゼブラフィッシュにおいて，CRISPR/Cas9 と NHEJ を利用したノックインは Del Bene らのグループにより最初に報告された（Auer et al., 2014）．この報告では，標的遺伝子のコーディング領域に 2A ペプチドとつないだレポーター遺伝子を NHEJ によってノックインすることに高い確率で成功している．ただし，NHEJ によるノックインでは外来遺伝子の挿入方向やコドンの読み枠を正確に合わせることはできないので，レポーター遺伝子が機能的なタンパク質として発現する確率は，ノックインの確率より低くなる．

Del Bene らの報告をもとに，筆者らは CRISPR/Cas9 と NHEJ を用いた汎用性の高いレポーター遺伝子のノックイン法の確立を行った（Kimura et al., 2014）．図 11.2A にその戦略の概要を示す．ドナーベクターには hsp70 プロモーターの下流にレポーター遺伝子をつないだものを用いる．ゲノム標的配列は標的遺伝子の転写開始点の上流に設計する．CRISPR/Cas9 でゲノム標的配列とドナーベクターを切断すると，ドナーベクターが NHEJ による修復でゲノム切断部位に挿入される．その結果，標的遺伝子の上流域に挿入された hsp70 プロモーターを介したエンハンサートラップにより，レポーター遺伝子が発現す

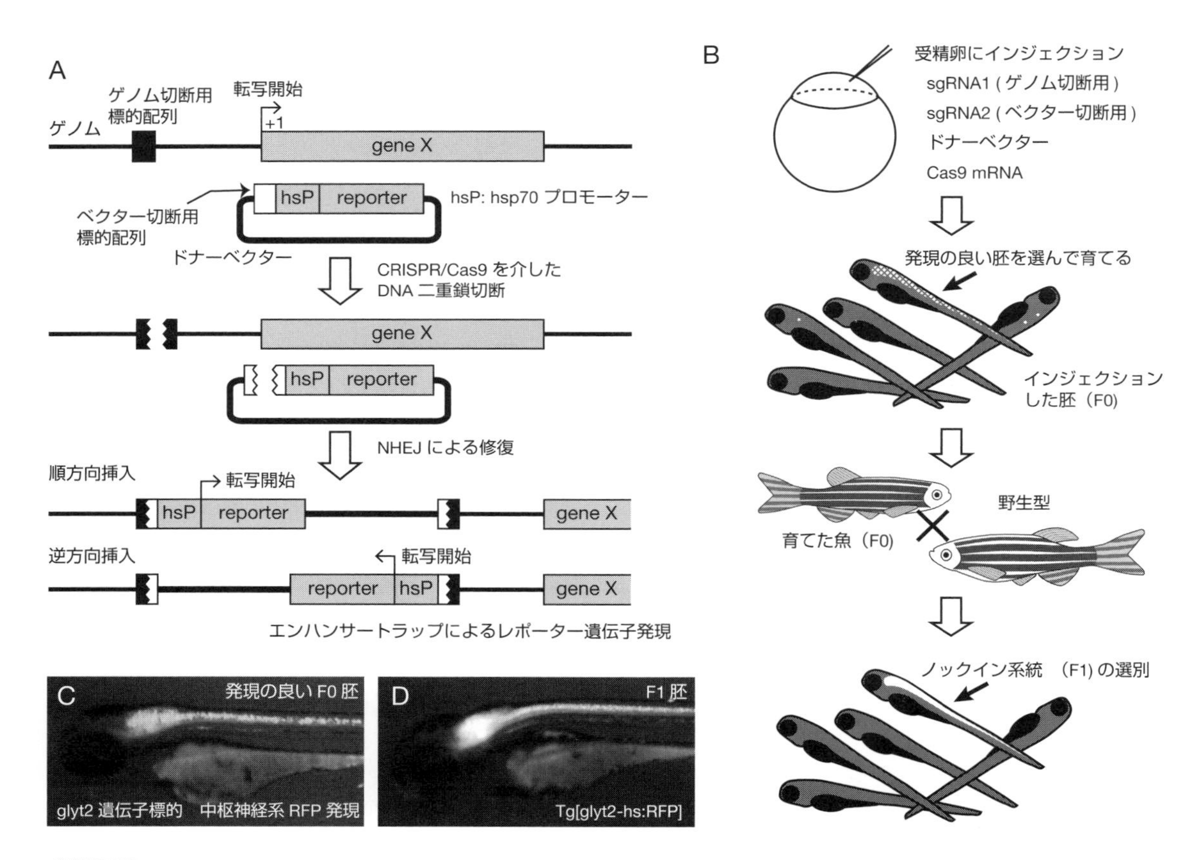

図11.2 NHEJ を介した hsp70 プロモーターをもつドナーベクターのノックイン
（Kimura et al., 2014 を改変）

A：ゲノム標的配列は標的遺伝子の転写開始点より上流に設定した．ドナーベクターにもベクターを切断して直鎖化するための標的配列を付加した．CRISPR/Cas9 によるゲノムとドナーベクターの切断後，NHEJ による修復過程でドナーベクターが挿入される．hsp70 プロモーターをもつドナーベクターを標的遺伝子上流に挿入することで，エンハンサートラップによるレポーター遺伝子の発現が期待される．B：ノックインフィッシュの作製手順．C：*glyt2* 遺伝子を標的にし，RFP をノックインするためのインジェクションを行った胚のうち，RFP の発現が glyt2 発現細胞の多数で観察されたもの（F0）．D：*glyt2*-hs：RFP ノックインフィッシュ胚（F1）．

る．

エンハンサートラップによる遺伝子発現を狙う利点は2つある．①読み枠のずれが問題にならず，挿入の向きが逆でも発現は大きく変わらないケースが多い．そのため，機能的なタンパク質を発現するノックインの効率が上がることが期待される．②遺伝子上流域全般がノックインの標的となるため，sgRNA を設計する自由度が高い．筆者らがレポーター遺伝子を発現させる系統を作製する際には，ノックインの標的部位を転写開始点を +1 として −50〜−600 にあたる領域から選択している．

なお，本手法は hsp70 プロモーターを使わず，プロモーターなしのドナーベクターを用いることも可能である．その場合，遺伝子本来のプロモーターの利用をねらって，ドナーベクターの挿入位置は転写開始点と開始コドンとの間が第一候補となる．ただし，遺伝子本来のプロモーター活性は，hsp70 プロモーターより弱いことが多く，発現量が弱くなる可能性に留意する必要がある．また，逆向きの挿入での発現は期待できないことから，効率も低くなる．

b. ノックインゼブラフィッシュの作製手順

ノックイン系統を作製する手順の参考として，*glyt2*（glycine transporter2：グリシン作動性神経で発現）遺伝子を標的とし，赤色蛍光タンパク質（Red Fluorescent Protein：RFP）をレポーター遺伝子としてノックインした例を示す（図 11.2B〜D）．まず，CRISPR/Cas9 によりゲノムとドナーベクターを切断するための2種類の sgRNA とドナーベクター，Cas9 mRNA を同時に受精卵にインジェクションした．インジェクションを行った胚には，発現が期待される領域でモザイク状のレポーター遺伝子の発現が見られた．一部の胚では，発現が期待される領域で非常に高い割合の細胞がレポーター遺伝子を発現した（図 11.2C）．このようにレポーター遺伝子発現細胞の割合が多い胚は，ノックインが受精後早い時期（2〜4 細胞期）に起こり，その子孫細胞がレポーター遺伝子を発現していると考えられる．そのため，それより遅い時期に運命が決定される生殖細胞系列にもノックインが起きた細胞が存在する確率が高いと期待される．そこで，このような幅広いレポーター遺伝子の発現をする胚を選んで成魚まで育てた．

なお，レポーター遺伝子を幅広く発現する胚の出現割合は sgRNA の違いによるゲノム切断効率に依存する．実際の実験では，各遺伝子ごとに複数の sgRNA を試すのがよい．筆者らは，3つ程度の sgRNA を試せば，ほとんどの場合で十分な効率をもつ sgRNA を得ることができている．効率のよい sgRNA を用いれば，インジェクションを行った胚のうち，5％程度で幅広いレポーター遺伝子の発現が認められる．これらをファウンダー候補として育てる．

育てた魚を野生型と掛け合わせ，レポーター遺伝子を発現する胚（ノックインフィッシュ，F1）を得られるかを調べて，ファウンダーフィッシュ（F0）のスクリーニングを行った．その結果，育てた成魚のうち約 30％が目的のノックインのファウンダーフィッシュとなった．得られたノックインフィッシュ胚（F1）の写真を図 11.2D に示す．

この方法は作業効率がよく，200 個程度の受精卵にインジェクションし，蛍光タンパク質の発現が多い 10 匹程度の胚を育ててスクリーニングすれば，ほとんどの場合ノックインフィッシュを得られる．また，異なる標的ゲノム部位に対して，同じドナーベクターを使用できることも作業量の軽減につながる．特定の遺伝子の転写調節領域の制御下で外来遺伝子を発現するトランスジェニックフィッシュはさまざまな解析で利用されるが，従来の BAC（Bacterial Artificial Chromosome）などをゲノムにランダムに組み込む手法は煩雑であった．従来の手法に替わって，CRISPR/Cas9 を用いた NHEJ によるノックインの手法は，トランスジェニックフィッシュの作製を簡便に行う標準的な手法となっている．

c. レポーター遺伝子のノックインによる機能欠損解析

NHEJ によるノックインは，標的遺伝子の機能欠損解析にも利用されている．川原らは，*pax2a*

遺伝子を標的遺伝子とし，その機能欠損をねらって，*pax2a* 遺伝子の上流域ではなく，開始コドン付近に hsp70 プロモーターと緑色蛍光タンパク質（Green Fluorescent Protein：GFP）をもつドナーベクターを NHEJ によりノックインした（Ota et al., 2016）．その結果，ホモ接合体では *pax2a* 遺伝子が破壊された変異体と同様の中脳後脳境界部が欠損する表現型が見られた．ヘテロ接合体では，野生型の *pax2a* の発現と同じ領域で GFP の発現を観察することもできた．この手法は今後，さまざまな遺伝子の発現動態解析と機能欠失実験への応用が期待される．

11.2.2 HR によるノックイン

HR によるノックインは精度の高さが大きな利点である．塩基置換による遺伝子機能の改変や，タグの融合は，インフレームでの正確なノックインが必要とされるからである．しかし，HR によるノックインは効率が低く，長い相同配列をドナーベクターに組み込む作業にかかる大きな労力も難点である．ゼブラフィッシュを対象に，TALEN や CRISPR/Cas9 を用いた HR によるノックインは数例の報告があるものの（Zu et al., 2013；Irion et al., 2014），現在のところ数は少ない．

11.2.3 MMEJ によるノックイン

MMEJ によるノックインは，NHEJ より正確性が高く，HR より簡便にドナーベクターを構築できるため，比較的正確なノックインをゼブラフィッシュで簡便に行いたい場合の選択肢の 1 つである．ゼブラフィッシュを材料にした CRISPR/Cas9 を用いた MMEJ による外来遺伝子のノックインが川原らのグループにより報告されている（Hisano et al., 2015）．この報告による MMEJ ノックインの戦略の概要を**図 11.3** に示す．川原らは，MMEJ による正確なノックインの効率を簡便に検証するために，標的遺伝子として表皮細胞で高い発現を示すケラチン遺伝子（*krtt1c19e*）を選択し，終止コドン近傍に EGFP 遺伝子をインフレームでノックインすることを試みた．ドナーベクターには EGFP 遺伝子を挟んで，ゲノム標的配列前後の短い相同配列（40 bp）を組み込み，さらにその外側にドナーベクターを CRISPR/Cas9 で切断するための標的配列も挿入した．ドナーベクターに用いた相同配列は，ケラチンと EGFP の融合タンパク質が正しく発現するように読み枠に配慮して選択した．CRISPR/Cas9 により，標的ゲノム配列とドナーベクターが切断されると，両者の切断面に存在する短い相同配列（マイクロホモロジー配列）に依存して正確な外来遺伝子の挿入が行われ，表皮細胞にケラチンと EGFP の融合タンパク質が観察されると期待される．実際の実験では，F0 胚の 40% で表皮細胞に EGFP の発現が観察された．EGFP を発現する F0 胚のシーケンス解析により，ゲノム挿入の大部分が正確であることが確認された．EGFP を発現する表皮細胞が特に多い F0 魚からは，ノックインフィッシュ（F1）も得られている．この手法は蛍光タンパク質を標的遺伝子のタンパク質と融合させ，生体内での分子動態を観察する場合などにも有用と考えられる．

11.2.4 一本鎖 DNA を用いたノックイン

上記で紹介した方法はいずれもドナーとして二本鎖 DNA を用いているが，標的ゲノム配列に対して短い相同配列（20〜50 bp）をもつ一本鎖オリゴ DNA（single-stranded Oligodeoxynucleotide：ssODN）を用いたノックインも報告されている．ssODN は化学合成によって簡便に作製できる．ssODN を利用したノックインは，HA タグや loxP 配列などの短い配列の挿入に用いられる（Bedell et al., 2012；Hruscha et al., 2013）．

また，CRISPR/Cas9 を用いた ssODN によるノックインは一塩基レベルの改変にも用いられている．たとえば，ヒトで知られている筋萎縮性側索硬化症や先天性心疾患に関わる変異と同様なアミノ酸置換を起こす変異を，ssODN によるノックインでゼブラフィッシュに導入し，ヒト遺伝性疾患の病態を解明する試みが行われている（Armstrong et al., 2016；Farr et al., 2018）．

なお，蛍光タンパク質と違い，目視によるノッ

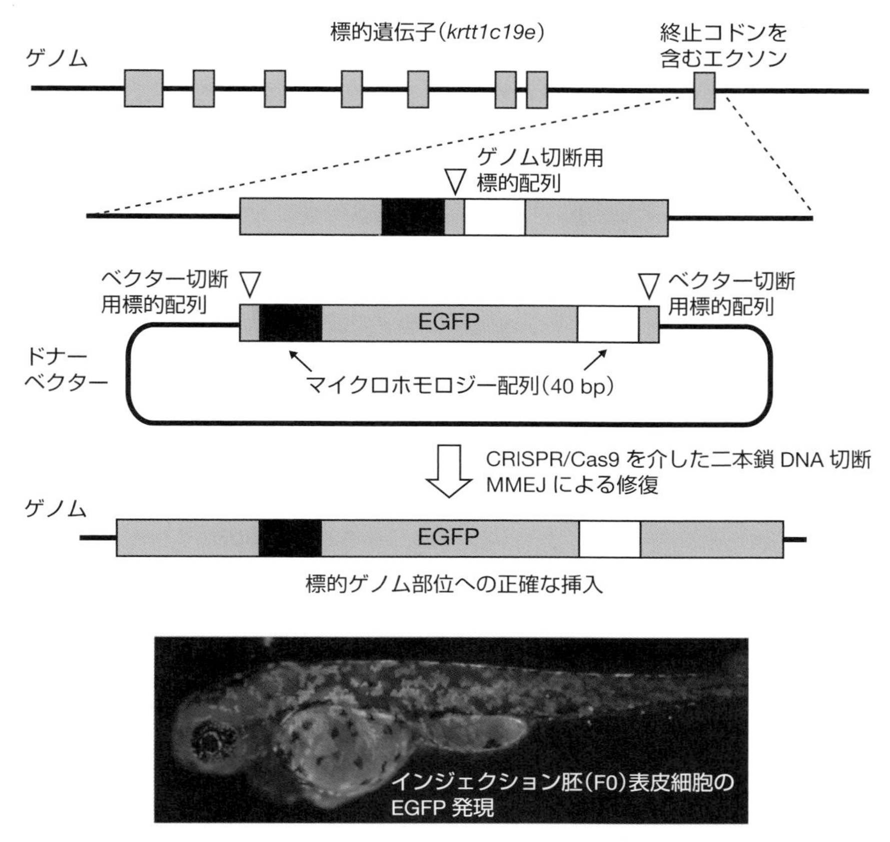

図11.3 CRISPR/Cas9 による MMEJ を介した正確なノックイン (Hisano et al., 2015 を改変)
MMEJ を介したノックインでケラチン遺伝子(*krtt1c19e*)の終止コドン近傍にインフレームで EGFP を挿入できるか調べた．ドナーベクターには標的ゲノム部位前後の相同配列(40 bp)をマイクロホモロジー配列として EGFP 遺伝子の両側に組み込み，さらにその外側にはベクター切断用の CRISPR 標的配列も付加しておく．CRISPR/Cas9 で標的ゲノム配列とドナーベクターを切断すると，MMEJ により EGFP が標的ゲノム部位に正確に挿入され，ケラチンを発現する表皮細胞で EGFP の発現が観察された．

クインの確認ができない配列の挿入やアミノ酸置換の場合，ノックイン胚の選別には DNA 抽出，PCR やシーケンシングが必要となり，作業量が増える．F0 の選別も初期胚では難しく，プールした F1 胚の PCR などで行う．PCR による判別が難しい短い配列や点変異導入の場合，変異導入部に制限酵素認識配列を設定し，シーケンス作業を減らすなどの工夫もされている．

ラットやマウスでは一本鎖 DNA（ssDNA）は長い配列の挿入にも用いられており（Yoshimi et al., 2016），ノックイン効率がよいとされる．長鎖 ssDNA を化学合成で入手することは難しいが，長鎖 ssDNA の調整を研究室で行うためのキットも市販されている（例：Guide-it Long ssDNA Production System，タカラバイオ（株））．ゼブラフィッシュにおいても，長鎖 ssDNA を用いたノックインが有用であることが期待される．

11.2.5 塩基編集による点変異導入

DSB を用いたノックインとは別に，ヌクレアーゼ活性を低下させた Cas9 に塩基変換酵素（デアミナーゼ）を融合させ，DNA の二本鎖切断をともなわずに標的領域の一塩基変換を行う塩基編集法が報告されている（Komor et al., 2016）．

ゼブラフィッシュでも塩基編集によるアミノ酸置換の報告がある（Zhang et al., 2017）．これに限らずさまざまな塩基編集ツールの開発が現在進んでいる．

11.2.6 今後の展望

ゼブラフィッシュを用いた解析で，ゲノム編集ツールを用いたノックアウト法は急速に広まったが，それに比べるとノックイン法の広がりは遅れている．ひとつの原因は，ノックアウトに比べてノックインの効率が低く，作業労力が必要とされることであろう．しかし現在，この問題を克服する技術の工夫がさまざまに試みられていて，ノックイン法への敷居が急速に下がりつつある．ゲノム編集技術の進化により，従来ゼブラフィッシュでは実質的に不可能であったノックイン技術が手に入り，これまで難しかったさまざまな研究計画に挑戦できるようになった．医学，生物学研究の飛躍的発展はいくつかの鍵となる遺伝子工学技術の登場のたびに起きてきたが，現在は間違いなくゲノム編集技術による発展の時代である．ゲノム編集によるゼブラフィッシュのノックインが，革新的な研究を生み出すことを期待したい．

〔東島眞一・木村有希子〕

引用文献

Armstrong, G. A. et al., Homology directed knockin of point mutations in the zebrafish tardbp and fus genes in ALS using the CRISPR/Cas9 system, *PLoS ONE*, **11** (3), e0150188 (2016).

Auer, T. O. et al., Highly efficient CRISPR/Cas9-mediated knock-in in zebrafish by homology-independent DNA repair, *Genome Res.*, **24** (1), 142–53 (2014).

Bedell, V. M. et al., *In vivo* genome editing using a high-efficiency TALEN system, *Nature*, **491** (7422), 114–8 (2012).

Farr, G. H. et al., Functional testing of a human *PBX3* variant in zebrafish reveals a potential modifier role in congenital heart defects, *Dis. Model. Mech.* **11** (10), dmm035972 (2018).

Hisano, Y. et al., Precise in-frame integration of exogenous DNA mediated by CRISPR/Cas9 system in zebrafish, *Sci. Rep.*, **5**, 8841 (2015).

Hruscha, A. et al., Efficient CRISPR/Cas9 genome editing with low off-target effects in zebrafish, *Development*, **140** (24), 4982–7 (2013).

Irion, U. et al., Precise and efficient genome editing in zebrafish using the CRISPR/Cas9 system, *Development*, **141** (24), 4827–30 (2014).

Kimura, Y. et al., Efficient generation of knock-in transgenic zebrafish carrying reporter/driver genes by CRISPR/Cas9-mediated genome engineering, *Sci. Rep.*, **4**, 6545 (2014).

Komor, A. C. et al., Programmable editing of a target base in genomic DNA without double-stranded DNA cleavage, *Nature*, **533**, 420–4 (2016).

Ota, S. et al., Functional visualization and disruption of targeted genes using CRISPR/Cas9-mediated eGFP reporter integration in zebrafish, *Sci. Rep.*, **6**, 34991 (2016).

Yoshimi, K. et al., ssODN-mediated knock-in with CRISPR-Cas for large genomic regions in zygotes, *Nat. Commun.*, **7**, 10431 (2016).

Zhang, Y. et al., Programmable base editing of zebrafish genome using a modified CRISPR-Cas9 system, *Nat. Commun.*, **8** (1), 118 (2017).

Zu, Y. et al., TALEN-mediated precise genome modification by homologous recombination in zebrafish, *Nat. Methods*, **10** (4), 329–31 (2013).

第12章 ライブイメージング

12.1 ゼブラフィッシュのライブイメージング

12.1.1 ライブイメージングでできること

胚発生期や仔魚期のゼブラフィッシュは，組織の透明性が高く，身体の深部にまで光が透過する（図12.1）．ゼブラフィッシュのこの特性を利用することで，生体内で起こる生命現象を直接観察することができる．ライブイメージングとよばれるこの手法は，生体の中で起きている複雑な生命現象が，時間軸に沿って変化する様子をとらえるために非常に有効であり，生命現象を理解するうえで欠かせないアプローチになっている．モデル脊椎動物の中でライブイメージングが格段に容易であるゼブラフィッシュは，その重要性が増している．

ライブイメージングでは，観察対象に応じて，組織や細胞を立体的に観察することに適した実体顕微鏡や，細胞や細胞内小器官，タンパク質局在などを高い時空間分解能で解析する共焦点レーザー顕微鏡，二光子励起顕微鏡，ライトシート顕微鏡などの光学顕微鏡を用いる．ライブイメージングを成功させるために必要なポイントを以下にあげる．

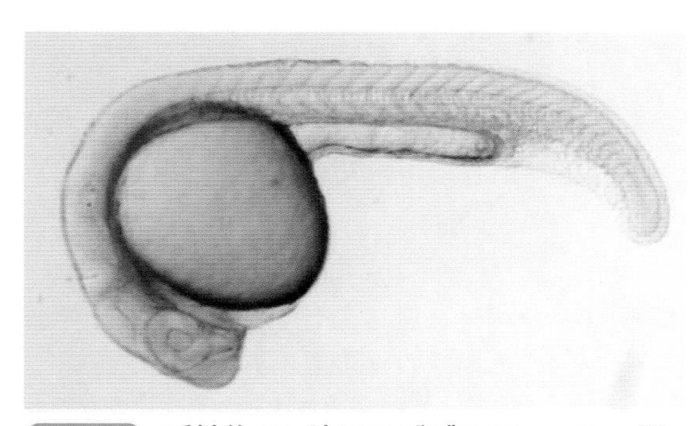

図12.1 受精後24時間のゼブラフィッシュ胚

12.1.2 プローブの明るさ

ライブイメージングにおいて非常に有効なのは，緑色蛍光タンパク質（Green Fluorescent Protein：GFP）などの蛍光タンパク質を用いて観察対象を標識することである（第9章参照）．蛍光タンパク質と融合させたタンパク質，あるいは蛍光タンパク質そのものをmRNA注入，プラスミド注入，あるいはゲノムに挿入されたトランスジーンから発現させることで，身体の組織を傷つけることなく，細胞内小器官，細胞の形態，タンパク質の動態を蛍光観察できる（第9章のトランスジェニック法，第10章のノックインを参照）．

蛍光タンパク質と融合したタンパク質の挙動をライブイメージングで追跡するには，蛍光強度を高くする必要がある．一方で，蛍光強度を高めるために融合型蛍光タンパク質を過剰に発現させてしまうと，内在性のタンパク質に本来備わっている性質とは異なる異常な局在を示したり，細胞に毒性を及ぼしたりすることもある．一般論として，蛍光タンパク質は蛍光強度が高いものを選択し，融合型蛍光タンパク質の発現量は，できるだけ少なくすることが望ましい．蛍光強度が高すぎる場合には，細胞に光毒性を及ぼすこともあることに留意したい．

EGFPを融合させたチューブリンを発現する例を図12.2に示す（Asakawa and Kawakami, 2010）．チューブリンは，細胞内で重合し，微小管とよばれるチューブを形成する．細胞に機械的な強さを与える骨格として機能するだけでなく，染色体の分配，細胞分裂，モータータンパクによる物質輸送の足場として機能する．EGFP融合チューブリン（EGFP-tuba2）は蛍光が微弱であ

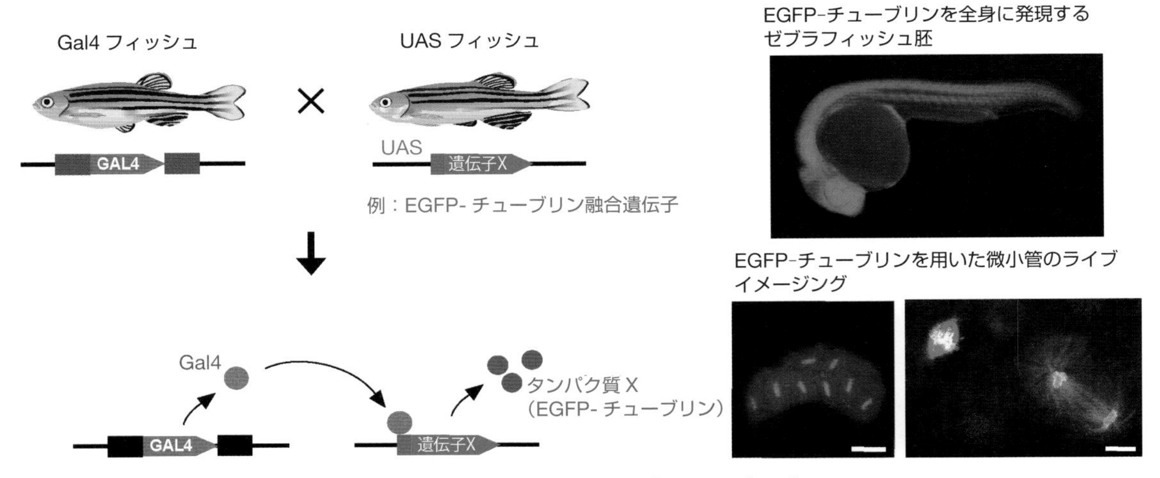

図12.2 **EGFP 融合型チューブリンによる微小管のライブイメージング**（Asakawa and Kawakami, 2010 を改変）
緑は EGFP-tuba2 の蛍光シグナル．紫は RFP 標識したヒストン．

るが，Gal4/UAS 法を用いて EGFP-tuba2 を高発現させると，卵割期や，上皮細胞の有糸分裂期のスピンドル微小管などを可視化できる（図 12.2 左，右下）．

12.2 色素細胞の除去

12.2.1 色素細胞の形成

ゼブラフィッシュは，胚発生期だけでなく，仔魚期においても組織の透明性が高い．しかし，受精後 1 日目には色素細胞が分化し，次第に体表や眼球を覆うため，ライブイメージングをしにくくなる．本節では，この色素細胞の形成を阻害することで，ライブイメージングを容易にするいくつかの方法を述べる．

12.2.2 色素欠損系統

a. nacre 変異

黒色素胞（メラノサイト）の発生に必要な転写因子 Mitfa の変異（nacre 変異）をホモにもつ個体は，体表のメラノサイトが欠損する．このために仔魚期でも，外界からの光の透過性を高く保つことができる．その一方で，網膜色素上皮細胞は，Mitfa の機能に依存しないで正常に発生するため，nacre 変異体は，眼球のみが黒い色素に覆われている（図 12.3 中央）．nacre 変異体は，視覚刺激を正常に処理することが可能であり，視覚刺激によって駆動される脳の活動の観察など，中枢神経系のライブイメージングに適している．

b. *casper* 系統

casper 系統は，メラノサイトを欠損させる nacre 変異と，虹色素胞（イリドフォア）を欠損

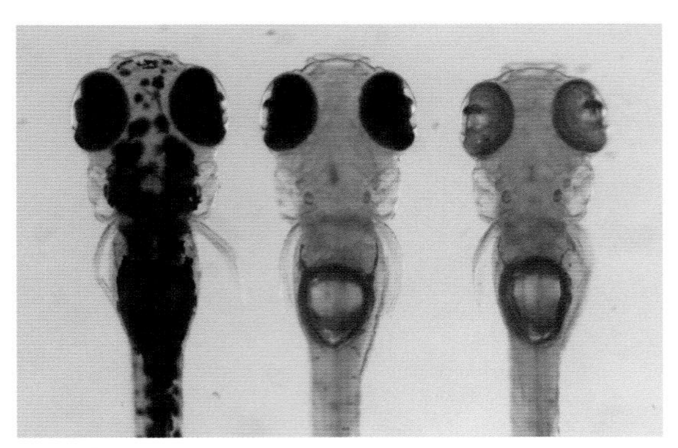

図12.3 **受精後 5 日目のゼブラフィッシュ仔魚の上半身の背面図**
左：野生型．中央：nacre 変異体．右：PTU 処理を施した野生型仔魚．

させる roy orbison 変異（ミトコンドリア Mpv17 タンパク質の変異）を組み合わせた二重ホモ変異系統で，身体の透明性が成魚期においてもきわめて高く保たれる．このため，さまざまな成長段階や成魚期のライブイメージングに適している．野生型に比べて生存率が低い傾向があり，系統の安定的な維持に比較的労力を要するという難点がある．

c. アルビノ変異

メラニンの生合成に必要なチロシナーゼ遺伝子の変異によりメラニンが欠損する変異体をアルビノ（albino）とよぶ．アルビノは，nacre 変異体とは異なり，体表のメラノサイトに加えて，網膜色素上皮細胞も欠損するため，あらゆる身体組織を観察しやすい．しかし，アルビノは，周囲の照明条件によっては視覚に依存した行動に異常を示したり（Ren et al., 2002），野生型に比べて不安を感じる度合いが高い（Egan et al., 2009），などの報告がある．したがって，アルビノを用いて行動に関わる脳神経活動をライブイメージングすることは避けたい．

d. PTU 処理による色素形成阻害

遺伝子変異を用いて色素細胞の形成を阻害するのではなく，メラニン形成阻害剤 1- フェニル-2-チオ尿酸（PTU）を飼育水に加えてゼブラフィッシュを発生させることでも，体表のメラノフォア形成を阻害することができる．**図 12.3 右**には，生後 0 日において飼育バッファーに PTU を加えて成長させた仔魚を示す．

PTU 処理を用いる時に留意したいのは，神経活動のリアルタイム観察などの生理学的な実験で，観察の対象となる現象が PTU 処理によって阻害されないことである．筆者が用いている，受精後 10〜12 時間で PTU（最終濃度 30 mg/L）を飼育水に加えるプロトコールでは，PTU 処理された仔魚において効率よくメラノフォアの形成が阻害されるため，生後 4 日目においても組織の透明度（外界からの光の透過性）を高く保つことができる．しかし，PTU 処理を施していない野生型の仔魚に比べて，自由遊泳を開始するタイミングが若干遅延することから，PTU 処理は何らかの細胞毒性，あるいは，発生遅延をもたらしている可能性がある．またアルビノと同様に，PTU 処理によって網膜色素上皮細胞のメラニン合成も阻害されるので，視覚に関連するライブイメージングには適さない．PTU 処理は，組織や細胞の形態観察により適した手法といえる．

12.3 顕微鏡とサンプルの包埋法

12.3.1 サンプル包埋の重要性

ゼブラフィッシュは，受精後 17 時間で身体の運動を制御する神経回路が機能し始め，身体を左右交互にくねらせる自発的コイリングを開始する．さらに，仔魚期にかけて，触覚，視覚，味覚など環境からのさまざまな感覚刺激に対する行動を次々に発達させて動く．ライブイメージングにおいては，観察対象とする細胞群に光学系の焦点を合わせるために，身体運動を抑制する必要がある．通常は，胚や仔魚をアガロース中に包埋して物理的に身体の動きを抑制する方法や，麻酔によって化学的に身体の動きを静止させる方法などを用いる．顕微鏡の選定や，それぞれに適したサンプルの包埋法を以下に紹介する．

12.3.2 正立顕微鏡か，倒立顕微鏡か

ライブイメージングの観察対象が，中枢神経系の神経活動などの生理的現象である場合には，なるべく通常の生育条件に近い状態でイメージングしたい．魚は通常，背を上に向けて泳ぐことが多いので，ライブイメージングにおいても，正立顕微鏡を用いることが多い（**図 12.4 左**）．また，正立顕微鏡で水浸レンズを用いて魚を背側から観察することにより，魚を飼育水中に保ったまま長時間，観察することもできる．

一方，組織中の細胞分裂など，魚の姿勢の影響を受けにくい現象をライブイメージングする場合

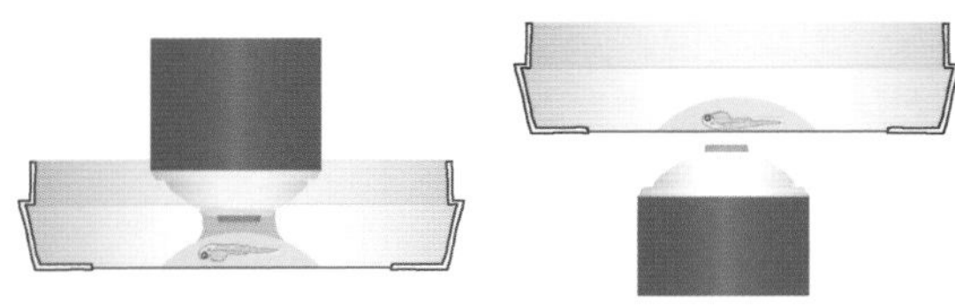

図12.4 **正立顕微鏡と倒立顕微鏡**

には，倒立顕微鏡を用いて腹側から魚を観察することもできる（図12.4右）．この場合，カバーガラスの役割を果たすディッシュのガラス底にできるだけ魚が近いことが望ましい．低融点アガロースが固まる間に，重力によって魚が沈みガラス底に接するので，マウントは比較的簡単である．アガロース包埋した仔魚における，小脳の神経幹細胞分裂のライブイメージングの例を図12.5に示す．

12.3.3 アガロースを用いたサンプルの包埋

①低融点アガロース（NuSieve™ GTG™ アガロース，ロンザ（株）など）を，最終濃度0.8～1％の割合で飼育水に溶かし，45℃の恒温水槽で保持しておく．このアガロース溶液を1～数滴，ガラスベースディッシュ（iwaki 35 mm ガラスベースデッシュ 3910-035, AGC テクノグラス（株）など）に垂らす．

②ゼブラフィッシュ胚または仔魚を，パスツールピペットで吸い上げ，ガラスベースディッシュに垂らしたアガロース溶液に加え，数回の優しいピペッティングによってアガロースとサンプルを馴染ませる．このとき，アガロースを固めるために，飼育水をできるだけアガロースにもち込まないことが重要である．アガロースが固まる間に，注射針，タングステン針，毛筆の毛などを用いて，仔魚を観察に適した姿勢に保持する．神経活動に依存しない現象をイメージングする場合には，低融点アガロースにあらかじめ麻酔剤トリカイン（3-アミノ安息香酸エチルメタンスルホン酸塩，0.25 mg/mL）を溶かしておくと，アガロースが固まる間に魚が動かないので，マウ

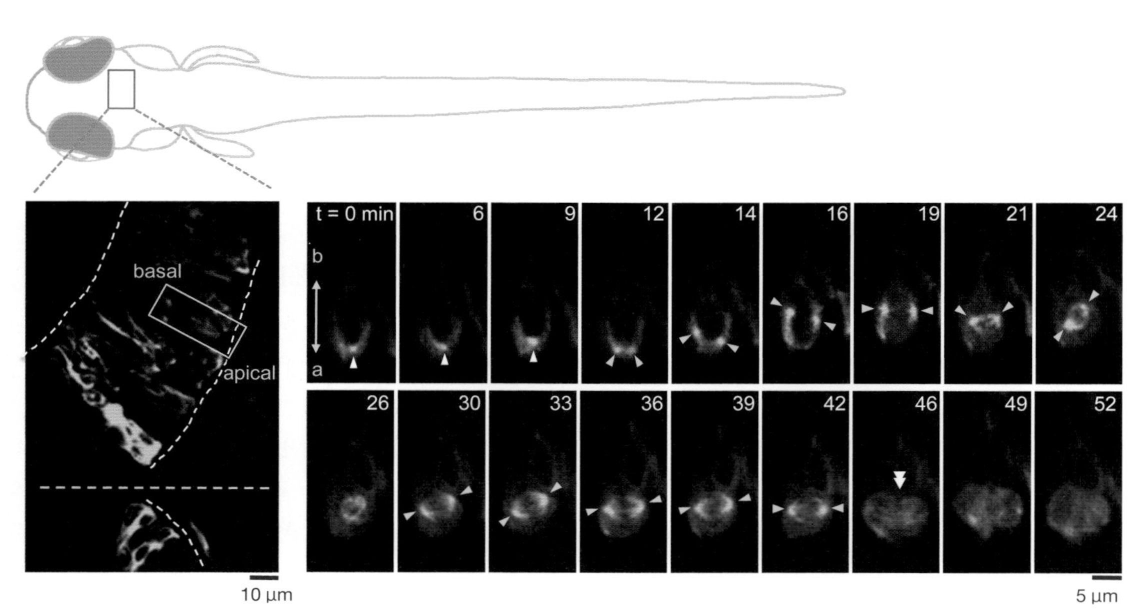

図12.5 **アガロース包埋した仔魚における，小脳の神経幹細胞分裂のライブイメージング**
（Asakawa and Kawakami，2010を改変）
Gal4/UAS 法で EGFP-チューブリンを小脳領域に発現させている．黄色い矢頭はスピンドル極，二重矢頭は細胞分裂面を示す．

ントしやすい．

③神経活動のライブイメージングにおいては，神経活動を抑制する効果をもつトリカインは使用できない．したがって，神経筋接合部のアセチルコリン受容体の阻害剤（α-ブンガロトキシンや *d*-ツボクラリン）や筋のミオシンの阻害剤（*N*-ベンジル-*p*-トルエンスルホンアミド）（Cheung et al., 2002）などを用いる．これらは，筋弛緩剤であるために取り扱いには十分注意する必要がある．

12.4 成魚のイメージング

ゼブラフィッシュ成魚のイメージングは，魚を長時間にわたってイメージングに適した姿勢に保つことが難しいため，仔魚のイメージングよりも難易度が高く，報告も少ない．最近，Cox らはゼブラフィッシュの成魚を低濃度のトリカインで麻酔し，鱗の再生過程を5日間にわたる長期のライブイメージングで解析し，骨芽細胞のふるまいを追跡することに成功している（Cox et al., 2018）．この論文ではアガロースゲルで成魚を保持し，飼育水を還流させることで酸素を供給している．成魚は，皮膚から直接酸素を取り入れることができる胚や仔魚とは異なり，鰓呼吸により酸素を取り入れるため，イメージングに適した状態を保ちつつ，どのように酸素を供給し続けるかが大きな問題となる．〔浅川和秀〕

コラム 全脳活動イメージング

「アポロ計画」や「ヒトゲノム計画」と並ぶ巨大科学プロジェクトとして，2013年に，オバマ米国大統領（当時）が発表した「Brain Initiative」は，シナプス，神経回路，脳の領域といった，脳の構造や活動の全体像をさまざまなレベルで明らかにし，健康，疾病時の脳の神経活動やその変化を包括的に明らかにすることを目指している．活発に活動している脳では，複数の脳領域にある多数のニューロンが，たがいにコミュニケーションを取っていることは，誰でもなんとなく知っているだろう．しかし，そのダイナミックなコミュニケーションを，実際に見たことがある人はどれくらいいるだろうか．

複数の脳領域にまたがる多数のニューロンの活動を観察するには，すぐに思いつくだけでも3つの大きな壁がある．第一に，脳は立体的であり，脳活動の全体像をとらえるには，脳を3Dで広範にイメージングする必要がある．第二に，広範な3Dの脳イメージングが必要な一方で，たかだか直径数十μmの小さな細胞体をもつ個々のニューロンの活動を記録する必要がある．第三に，ミリ秒単位のニューロンの速い活動をとらえるために画像取得のスピードを上げる必要がある．

2013年に米国ジェネリア・ファームのAhrensらによって発表された，光シート顕微鏡によるゼブラフィッシュの仔魚の全脳活動イメージングは，これらの障壁を将来的に必ずや打破できるであろうことを示した画期的な論文であった（Ahrens et al., 2013）．ゼブラフィッシュ仔魚の神経細胞に，カルシウムに結合すると蛍光強度を増大させる神経活動の検出プローブGCaMP

を発現させる．シート状の励起光を脳に照射して脳断面の蛍光画像を瞬時に取得しつつ，シート光を垂直方向に移動させることで，脳全体の3D蛍光画像を短時間で取得する光シート顕微鏡を用いたのである．これにより，0.8 Hz（1.25秒に1回）という驚異的なスピードで，脳全体を連続的にスキャンすることに成功したのだ．この動画は，動物の全脳活動イメージングが実現可能であることを示すデータとして国際学会などでよく紹介されている．広域，かつ高速の脳活動イメージングに必要な光学系と神経活動の検出プローブの発展のスピードはすさまじい．哺乳動物の全脳活動イメージングもそう遠くない未来に実現するかもしれない．

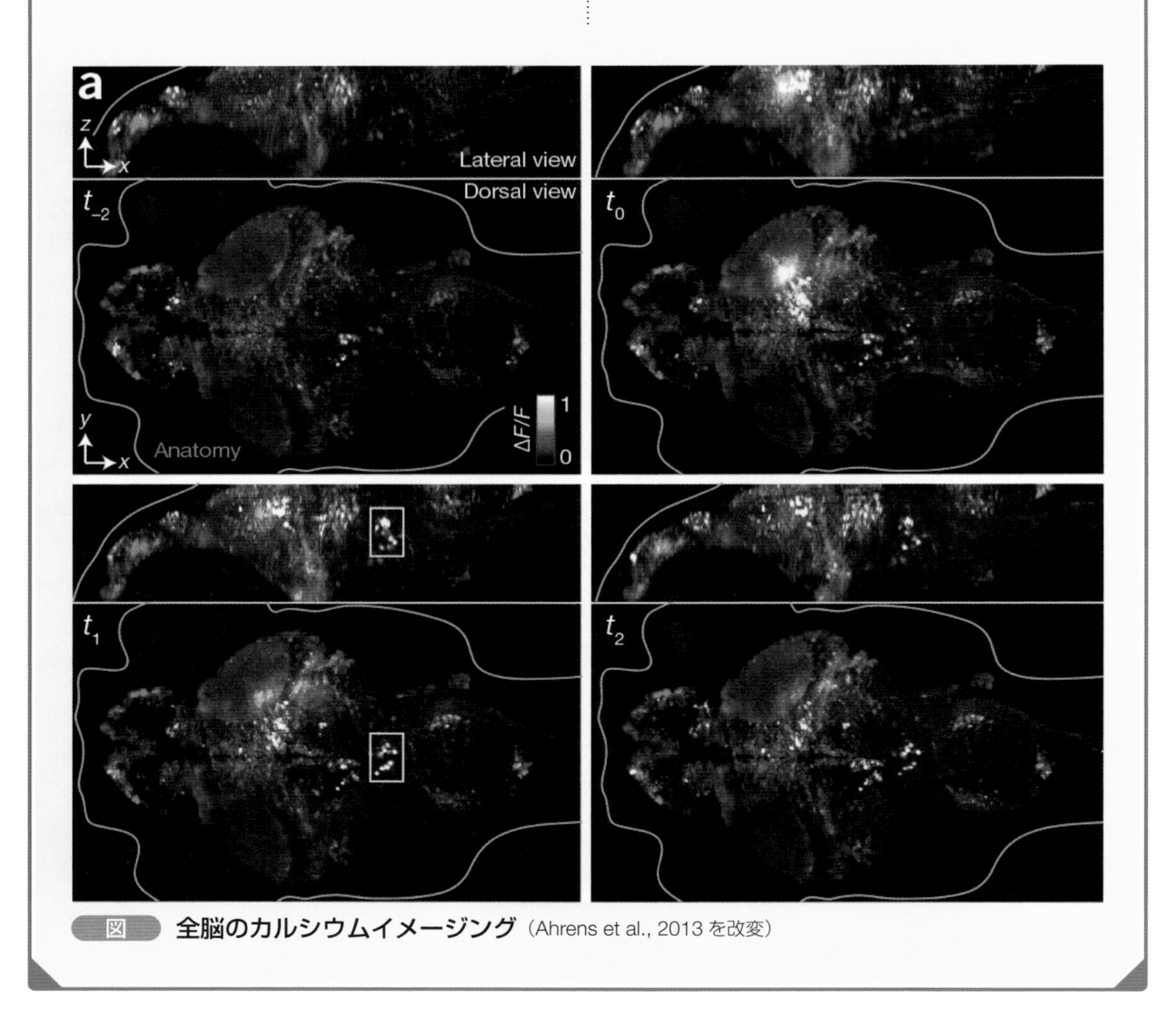

図　**全脳のカルシウムイメージング**（Ahrens et al., 2013を改変）

引用文献

Ahrens, M. B. et al., Whole-brain functional imaging at cellular resolution using light-sheet microscopy, *Nat. Methods*, **10** (5), 413-20 (2013).

Asakawa K. and K. Kawakami, A transgenic zebrafish for monitoring *in vivo* microtubule structures, *Dev. Dyn.*, **239** (10), 2695-9 (2010).

Cheung, A. et al., A small-molecule inhibitor of skeletal muscle myosin II, *Nat. Cell Biol.*, **4** (1), 83-8 (2002).

Cox, B. D. et al., *In toto* imaging of dynamic osteoblast behaviors in regenerating skeletal bone, *Curr. Biol.*, **28** (24), 3937-47 (2018).

Egan, R. J. et al., Understanding behavioral and physiological phenotypes of stress and anxiety in zebrafish, *Behav. Brain Res.*, **205** (1), 38-44 (2009).

Ren, J . Q. et al., Behavioral visual responses of wild-type and hypopigmented zebrafish, *Vision Res.*, **42** (3), 293-9 (2002).

第13章 化学物質の毒性評価への応用

13.1 化学物質と生態毒性試験

生態毒性試験とは，生物またはその一部を用いてある要因が生物に及ぼす悪影響を明らかにすることを指す．ある要因とは物理的な要因の場合もあるが，化学物質を指す場合が多い．

生態毒性試験には，生態系保全のために化学物質の野生生物への影響を調べる生物検定（bioassay）と，生物を使って生物影響をもつ化学物質の量または活性量を測定する毒性試験（toxicity test）の2通りがある．

前者の環境影響の指標としての生態毒性試験では，実験室内で得られた結果から野生生物への影響を推定，つまり結果を外挿するため，国内に生息している生物種を用いて試験することが望ましい．よってゼブラフィッシュが国内生態系の指標生物として用いられることはほとんどない．

後者の化学物質の管理や輸出入に必要な安全性評価のための生態毒性試験にはゼブラフィッシュが用いられる．世の中に存在する化学物質は数百万種あり，日常生活で使われているものだけでも数万の物質があるとされ，多種多様化する化学物質を効率よく評価・管理する必要がある．そのために生態毒性試験は必須であるが，近年は動物愛護と試験コスト削減の観点から，毒性試験の効率化，縮小化も検討されている．その対策の1つとして，同一化学物質の生物試験をそれぞれの国で行うといった重複をできるだけ避ける方法が提案された．試験メソッド，試験生物種，試験者の操作手法などを統一することにより，試験機関間および試験機関内での再現性が高い試験結果を得ることができれば，その結果は国家間で共有することが可能になる．そのため，経済協力開発機構（OECD）が中心となって「OECD テストガイドライン」[1]（TG）を作成して生態毒性試験方法の国際標準化を行っており，GLP（Good Laboratory Practice：優良試験所基準）に基づいて試験すれば，他国で実施された試験でもOECD加盟国，非加盟国を問わず当該データの受け入れを求めるというMAD（Mutual Acceptance of Data：データの相互受理）の考えが世界的に受け入れられている．そのような状況下でゼブラフィッシュはさまざまなOECDテストガイドラインで試験生物として推奨されている（13.3節参照）．また，国際標準化機構[2]（International Organization for Standardization：ISO）や日本産業規格[3]（Japanese Industrial Standards：JIS）にもゼブラフィッシュを用いた急性毒性法の記載（それぞれISO 7346とJIS K 0420-71）があり，ゼブラフィッシュが国際的な標準試験生物であることがわかる．ここで日本の規格であるJISにメダカの記載はなく，代わりにゼブラフィッシュが採用されている点は興味深いが，JISは目的が生態系保全（環境影響の指標）ではなく化学物質管理を主体としていることと，ISOを規範にしていることから，海外種しか記載されていないと思われる．

わが国では人の健康を損なうおそれまたは動植物の生息・生育に支障をきたすおそれがある化学物質による環境の汚染を防止することを目的として，「化学物質の審査及び製造等の規制に関する法律」[4]（化審法）が定められており，事業者が新規化学物質の製造または輸入の届出を行う際に生態毒性試験の試験成績の提出が求められている．国内企業は試験魚としてメダカを用いることが多いが，海外輸出向けの化学物質にはゼブラフィッシュのデータを用いることもある．また，輸入・輸出される化学物質に添付されるデータにはゼブラフィッシュが使われることが多いが，MADに基づき，それらは国内（メダカ）のデータと同等に扱われる．

国内で生態毒性試験が環境対策に用いられる事例の1つとして，生物応答を用いた工場排水などの管理手法（Whole Effluent Toxicity：WET）がある（鑪迫 監修，2014）．この手法は国内ではまだ一部の企業で自主的に行われているにすぎないが，海外では広く普及している．排水を直接生物に曝露してその生物応答を観察するため，排水の「環境へのインパクトがわかる」手法と誤解してとらえている人もいるが，本来は排水中に含まれるさまざまな「化学物質の複合的な影響（環境インパクト）」を相対的に評価し，排水の改善・管理に利用することを目的とする．つまり，環境管理ではなく，化学物質管理のための手法であるため，必ずしも国産種で試験を行う必要がなく，海外種であるゼブラフィッシュも試験に用いられる．

13.2 魚類を用いた生態毒性試験

魚類を用いた生態毒性試験は，日本の法規制の中でも前出の化審法と農薬取締法[5]（農取法）で用いられている．化審法試験はOECDテストガイドラインを参考にしており，ほぼOECD試験と同じ内容になっている．農取法では急性毒性試験のみが行われ，試験手法は化審法，OECDテストガイドラインと同等であり，試験魚としてコイ，ヒメダカ，ブルーギル，グッピー，ニジマスなどを用いてもよいとされているが，実態はほぼコイが使われている．ゼブラフィッシュは記載されていない．ISOやJISは法律には関係しないが，試験方法の内容はOECD試験とほぼ同等である．

OECDテストガイドラインにおけるメダカとゼブラフィッシュの試験条件は同じで，魚類急性毒性試験（TG203：急性毒性試験）と魚類初期生活段階毒性試験（TG210：慢性毒性試験）の試験適正温度はメダカ（23～27℃）よりゼブラフィッシュの方が1℃高い点で異なる．

急性毒性試験は6段階に希釈した（ただし各段階の希釈倍率（公比）は3.2を超えない）化学物質に稚魚（全長2 cm未満）を曝露し，96時間後の魚類の行動異常を観察し，また死亡率からの統計計算により半数致死濃度（LC_{50}）を求める．最近，生死判定以外に行動異常も評価項目に加えようとする動きがあったが，行動観察は観察者の主観に左右され，また魚種により標準的な行動に違いがあり，定量化も難しいため，異常行動を記載するだけにとどめ，急性毒性の評価基準には入らなかった．

慢性毒性試験では魚類が胚から稚魚へと成長する孵化から30日まで，化学物質を連続的に曝露して慢性的な影響を把握する．孵化数と生存数，体形異常，行動阻害，体長，体重を測定または観察し，最小影響濃度（Lowest Observed Effect Corcentration：LOEC），無影響濃度（No Observed Effect Concentration：NOEC）を求める．試験期間が長く給餌も必要なため，やや難しい試験である．

13.3 OECD（世界標準）の魚類試験

OECDテストガイドラインの中には，魚類を用いた毒性試験法は現在改定中（2019年時点）のものを含めて9種類存在している（TG204は2014年に廃止）．それぞれの試験方法についてエンドポイント（観察点）が異なる．試験の名称と使用が推奨されている魚種を表13.1にまとめた．また，エンドポイントから慢性毒性試験と急性毒性試験のどちらに分類されるか（縦軸）と試験期間（横軸）によって分類したのが図13.1である．単に曝露期間が短ければ急性毒性，長ければ慢性毒性というわけではない．試験を行う目的（何を知りたいか，結果を何に使うか）や対象（化学物質の性質や種類）に応じて，最も適切な試験法を選択することが重要であり，そのためには試験法

表13.1 OECD テストガイドラインで推奨されている試験魚

略試験名(OECD番号)	英語名	試験推奨魚種
急性毒性(TG203)	Fish, Acute Toxicity Test	**ゼブラフィッシュ**，メダカ，ファットヘッドミノー，ニジマス，コイ，グッピー，ブルーギル，トゲウオ，シープヘッドミノー，マダイ，ヨーロッパスズキ
初期成長段階毒性(慢性毒性)(TG210)	Fish Early-life Stage Toxicity Test	**ゼブラフィッシュ**，メダカ，ファットヘッドミノー，ニジマス，シープヘッドミノー，タイドウォーターシルバーサイド
胚仔魚期急性毒性(TG212)	Fish, Short-term Toxicity Test on Embryo and Sac-fry Stages	**ゼブラフィッシュ**，メダカ，ファットヘッドミノー，ニジマス，コイ，キンギョ，ブルーギル，シープヘッドミノー，タイドウォーターシルバーサイド，タイセイヨウニシン，タイセイヨウダラ
稚魚成長(TG215)	Fish Juvenile Growth Test	**ゼブラフィッシュ**，メダカ，ニジマス
短期繁殖(TG229)	Fish Short Term Reproduction Assay	**ゼブラフィッシュ**，メダカ，ファットヘッドミノー
エストロゲン様物質検出(TG230)	21-day Fish Assay: A Short-Term Screening for Oestrogenic and Androgenic Activity, and Aromatase Inhibition	**ゼブラフィッシュ**，メダカ，ファットヘッドミノー
性発達(TG234)	Fish Sexual Development Test	**ゼブラフィッシュ**，メダカ，トゲウオ
胚期急性毒性(TG236)	Fish Embryo Toxicity (FET) Test	**ゼブラフィッシュ**
メダカ1世代拡張(TG240)	Medaka Extended One Generation Reproduction Test (MEOGRT)	メダカ

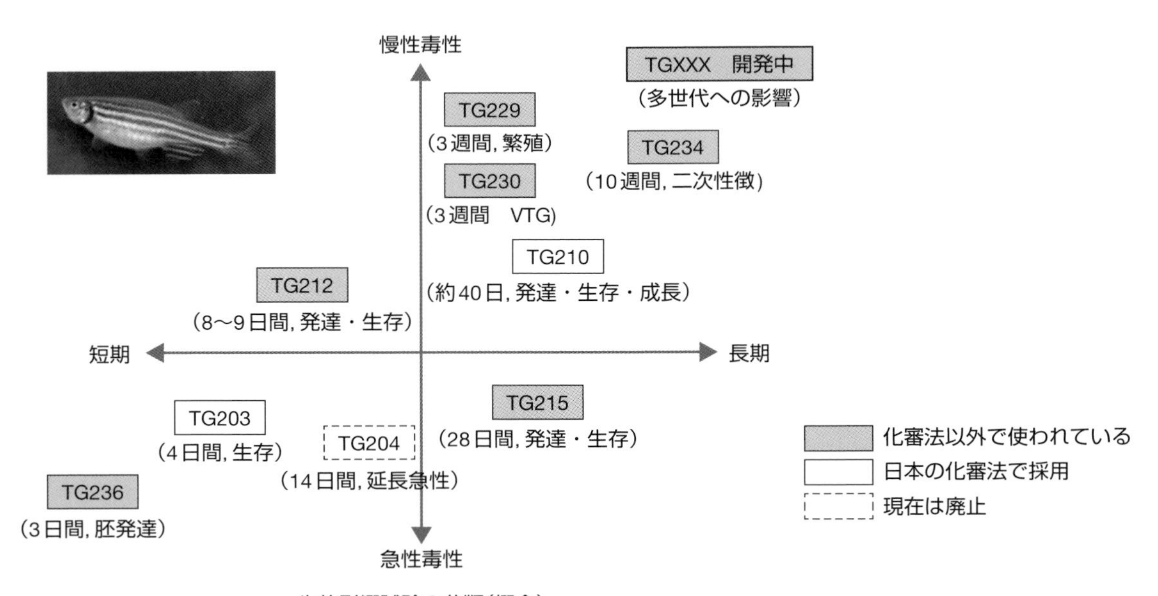

図13.1 ゼブラフィッシュが使われる OECD テストガイドライン(イメージ)
カッコ内は曝露時間とエンドポイントを示す.

とその特徴を熟知しておかなければならない.

13.4 生態毒性試験に用いられる魚種の特徴

生態毒性試験に用いる魚種は次の特徴を備えていることが望ましい.

①小型
②飼育・繁殖が容易
③ライフサイクルが短い
④親魚による胚・仔魚の保護などが不要
⑤季節を選ばず採卵可能
⑥卵が観察の容易な形態・色である
⑦孵化までの時間が長すぎない
⑧共食をしない

上記の理由を逐一説明することは避けるが，試験の遂行に必要な項目ばかりではなく，結果の再現性，汎用性，実施しやすさ，コストなども考慮されている．一方で，化学物質に対する感受性が高い，種の系統が明確であるなどの条件は要求されていない．その理由としては，化学物質に鋭敏な魚種は一般的に pH，硬度や水温などのわずかな変動にも敏感で，試験の再現性が難しいこと，特定の系統に限定すると，試験生物の入手が難しくなり汎用性が下がったり，試験結果の代表性が特定の系統だけでは偏る可能性があること（普遍性低下）などがあげられる．ただし系統を統一した方が再現性の高い結果が得られるため，前述と相反するが将来は系統が規定されるかもしれない．リスク評価や環境基準値を導出する場合には得られた毒性値に対して，安全を考慮して 1/10〜1/1000（不確実係数，安全係数）を掛けて予測無影響量が求められる．よって系統や種の感受性差はその係数中に含まれているとも考えられるため，規制の実行上は考慮されていることになっている．

実際に試験に使われる魚種は試験の種類や目的によっても異なる．ほとんどすべての試験法でゼブラフィッシュが推奨試験魚となっていることから，試験生物としてゼブラフィッシュの汎用性が高いことがわかる（表 13.1）.

13.5 毒性試験におけるゼブラフィッシュの利点

13.4 節（表 13.1）の中からゼブラフィッシュの種としての特徴が生かされている生態毒性試験を紹介する.

13.5.1 OECD TG236 (Fish Embryo Toxicity Test : FET)

ゼブラフィッシュはほとんどすべてのガイドラインで用いられるが，中でも TG236（通称 FET）はゼブラフィッシュに限定した急性毒性試験である．これは受精卵が孵化する直前までの発生過程を 3 日間観察する試験法であり，ゼブラフィッシュの胚発生の速さを生かしている．96 ウェルプレートに受精した胚を 1 個ずつ入れて，画像処理装置と組み合わせるとハイスループット化できる．化学物質への曝露開始のタイミングは，受精後 3 時間以内にしたいが，初期発生のスピードが速いため，調整が難しく，また孵化前に試験を終えるので，卵膜を透過しにくい化学物質については曝露できていないなどの問題点も指摘されている．欧米ではゼブラフィッシュ胚を生物とみなしていないので，本試験は生物を用いない生物試験という扱いとなり，動物愛護に配慮した急性毒性試験として広く海外で用いられている．しかし，日本の化審法では TG203 だけが魚類急性毒性試験として採用されており，本試験の結果は化学物質管理には使われていない.

13.5.2 OECD TG212 (Fish, Short-term Toxicity Test on Embryo and Sac-fry Stages)

上記 TG236 の試験期間を延長した急性と慢性の中間（亜急性）の試験であり，ゼブラフィッシュの場合は受精後 7〜9 日の仔魚までの過程で孵化や生存を観察する．給餌はしない．仔魚は卵黄があるので給餌なしでも孵化後8〜10日程度生存可能で，TG212の試験期間中に餓死することはない．TG236は卵膜を透過する化学物質しか試験できなかったが，TG212では孵化後まで化学物質に曝露するので，卵膜を透過しない化学物質も試験できる．日本のWETガイドラインではこの試験法が採用されている．メダカとゼブラフィッシュのどちらを用いてもよいが，ゼブラフィッシュを用いた試験はメダカを用いた場合に比べて曝露期間が短く，比較的感受性が高く，産卵数が多いために一度に多くの試験ができるなどいくつかの利点があり，ゼブラフィッシュが広く用いられている．

13.6 毒性試験用生物を飼育するうえでの注意点

一般的な飼育と生態毒性試験に用いる生物の飼育の違いについて述べる．

13.6.1 試験に用いる水

試験には蒸留水にミネラルを添加したものを用いる場合が多いが，脱塩素水道水や井戸水を用いてもかまわない．水のpH，硬度，水温，溶存酸素量などは魚種ごとに適切とされる飼育条件でよい．曝露試験を開始する前に2週間程度生物を馴化させる期間を設けるが，上記pHなどの飼育条件と試験条件が同一なら馴化は必要ない．試験時に化学物質の希釈水と対照区（コントロール）の水は同じものを用いる．ただし魚病薬，消毒薬も含め必要以上の余計な化学物質は無害であっても含まれていてはいけない．OECDのテストガイドライン中で試験に使う水の目安として許容されている水中化学物質の限度濃度を表13.2に示す．

13.6.2 飼育および試験に用いる水槽

プラスチック水槽は化学物質が壁面に吸着しやすく曝露濃度を試験期間中保つことが難しいとされる．また，プラスチックから溶出する可塑剤，硬化促進剤，未反応モノマーなどの化学物質が影響する可能性があるため，試験および飼育（馴化）には用いない方がよい．全面ガラス製水槽でも，面のつなぎ部分に接着剤が使われている場合はプラスチック水槽と同様に化学物質の吸脱着が生じるため注意が必要である．高価だが，一体形成のガラス水槽が望ましい．

13.6.3 餌

OECD TG203（急性毒性試験）およびTG236（FET試験），TG212以外は試験期間中に給餌の必要がある．試験期間中の餌は飼育用と同様でよい．ただし，市販の人工餌から残留性有機汚染物質（Persistent Organic Pollutants：POPs）などが検出されることもある．これは人工餌の原料に，POPsが蓄積した魚肉が混入しているためだと思われる．いずれにしても，曝露試験を行ううえで餌中に何らかの汚染物質が含まれていないかを確認してから使用すべきである．

飼育，試験を問わず，餌としては孵化後24時間以内のブラインシュリンプが理想的であるが，生餌であるブラインシュリンプの作製には手間とコストを要する．胚からの成長を調べる一部の試験では仔・稚魚期に給餌をすることになるが，メダカは仔魚期からブラインシュリンプを食べることができる．一方，ゼブラフィッシュは孵化後す

表13.2 OECDのテストガイドライン中で許容されている水中化学物質の限度濃度

物質の種類	濃度
粒子状物質	5 mg/L
全有機炭素	2 mg/L
残留塩素	10 µg/L
非イオンアンモニア，アルミニウム，ヒ素，クロム，コバルト，銅，鉄，鉛，ニッケル，亜鉛	1 µg/L
カドミウム，水銀，銀	100 ng/L
有機リン系農薬，全有機塩素系農薬とPCB	50 ng/L
全有機塩素	25 ng/L

ぐは口が小さいため，ブラインシュリンプを食べることはできず，初期生餌としてはゾウリムシやワムシなどを与える．筆者らの場合はゼブラフィッシュ仔魚に，生餌ではないが殻なしブラインシュリンプエッグ（日本動物薬品（株）などから入手可能）を与えており，これだけで十分に成長させられる．

13.7 ゼブラフィッシュを用いた生態毒性試験の可能性

ゼブラフィッシュは生態毒性の分野で，古くから欧米を中心に用いられてきた．日本でも生物学研究での使用の広がりにともないゼブラフィッシュの認知度が上がりつつある．近年，化学物質の影響を生死だけではなく行動や繁殖など，複雑なエンドポイントで評価しようとする傾向がある中，遺伝情報やバックグラウンドデータ（正常個体のデータ）の蓄積が多いゼブラフィッシュは他魚種と比べても化学物質の作用メカニズムを解明するのに有利である．動物愛護の観点から，生物を使った生態毒性試験は世界的に敬遠される傾向にある．ゼブラフィッシュ胚を使うTG236（FET 試験）は欧米で広く普及している．今後は動物愛護に抵触しない生物試験がもっと増えることになるだろう．一方，生物を用いないで化学物質の毒性を予測する評価体系として，AOP（Adverse Outcome Pathways, Molecular Screening and Toxicogenomics）やIATA（Integrated Approaches to Testing and Assessment）も注目されている．化学物質を生物に作用させた際の初期に起こる生理反応や遺伝子応答から，結果として派生するであろう毒性を予測するという方法論であるが，ここでもゼブラフィッシュのもつ膨大な遺伝学，生化学の情報が大きなアドバンテージになると思われる．

〔鑪迫典久〕

>>> 引用文献

鑪迫典久 監修，生物応答を用いた排水評価・管理手法の国内外最新動向：海外の運用事例から日本版WET導入の動き・対策まで，エヌ・ティー・エス（2014）.

>>> 参考URL

1）OECD Guidelines for the Testing of Chemicals, Section 2
https://www.oecd-ilibrary.org/environment/oecd-guidelines-for-the-testing-of-chemicals-section-2-effects-on-biotic-systems_20745761
2）ISO 7346-1: 1996 Water quality: Determination of the acute lethal toxicity of substances to a freshwater fish [Brachydanio rerio Hamilton-Buchanan (Teleostei, Cyprinidae)]
https://www.iso.org/standard/14026.html
3）日本工業規格，水質一淡水魚［ゼブラフィッシュ（*Brachydanio rerio* Hamilton-Buchanan）（真骨類，コイ科）］に対する化学物質の急性毒性の測定一
https://kikakurui.com/k0/K0420-71-30-2000-01.html
4）経済産業省，化審法とは
https://www.meti.go.jp/policy/chemical_management/kasinhou/about/about_index.html
5）農林水産省，農薬取締法
https://www.maff.go.jp/j/nouyaku/n_kaisei/h141211/h141211.d.html

コラム 化審法の生態毒性試験

生態系において，生産者を底辺とする食物連鎖の各段階（生産者・一次消費者・二次消費者など）を栄養段階（トロフィックレベル）といい，水系生態系もそれらのバランスの上に成り立っている（**図**）．一般的に栄養段階が上がるにつれて，個体数・生物量・生産量は減少するので，生態系ピラミッドといわれる．それぞれの階層から試験生物が選ばれており，一般的な生態毒性試験の解説書では，藻類を生産者，甲殻類を一次消費者，魚類を二次消費者と設定している．これは，生態毒性試験が生態系の一部を模して（代表して）いるため，毒性結果は生態系保全に資するという考えの元にもなっている．一方で，メダカやオオミジンコやムレミカヅキモがその階層の代表者として妥当かという点には異論もある．特にオオミジンコやゼブラフィッシュは国際的に認知されている種だが国内生態系ではほとんど生息が確認されていない（注：日本で繁殖していないので外来種ではなく，海外種，国外種というべきだろう）．日本の環境中に生息しない種，あるいは生息できない種を用いて，日本の環境評価を行うのは意味がないという意見はもっともである．上記の齟齬を解消するために，生態毒性試験はあくまでも化学物質管理とみなし，化審法で選ばれる試験生物は生態系ピラミッドの代表であると解釈するより，化学物質の多様な作用メカニズムをもれなく検出するため，異なる生化学反応をもつ系統学的に離れた種を用いると解釈する方が妥当だろう．生物種の特性により，化学物質の作用が異なること（たとえば主作用としては光合成阻害剤，除草剤はメダカやミジンコには効かない，また神経伝達阻害剤，殺虫剤は藻類には効かない）は明白であり，逆にたとえば魚類に共通して起こりうる毒性（＝生化学的反応）は，メダカでもゼブラフィッシュでも起こる．よって，藻類，甲殻類，魚類という進化系統学的に離れた生物を選ぶことにより，多様な化学物質の影響を網羅的に検出できると考えられる．

わが国の化審法では，「OECD テストガイドライン」に則った試験方法が採用されており，OECD テストガイドラインが改定になると，自動的に化審法の試験法も改定される．ただしどの試験法を採用するかは国ごとに異なり，日本では**表**に示す 7 項目の生態毒性試験が現行の化審法で用いられている．これらはいずれも OECD テストガイドラインで規定されたものである．魚類以外に，甲殻類（ミジンコ），緑藻類，昆虫（ユスリカ），鳥類（ウズラ）が試験生物に使われる．

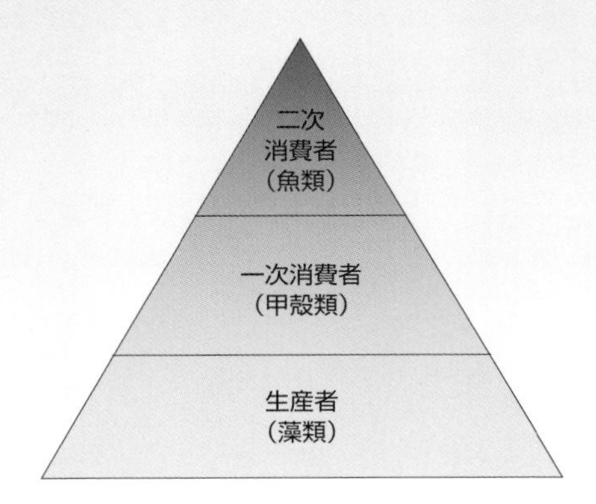

図 生態系ピラミッドの模式図

表 化審法で用いられている生態毒性試験

化審法 試験の名称	OECD TG 番号
藻類生長阻害試験	TG201
ミジンコ急性遊泳阻害試験	TG202
魚類急性毒性試験	TG203
鳥類の繁殖に及ぼす影響に関する試験	TG206
魚類初期生活段階毒性試験	TG210
ミジンコ繁殖試験	TG211
底質添加によるユスリカ毒性試験	TG218

この中でも藻類生長阻害試験，ミジンコ急性遊泳阻害試験，魚類急性毒性試験は急性三種とよばれ，毎年新しく年間10 t以上製造または輸入される化学物質に対して，試験データの取得が業者に義務づけられている．

以下に水生生物種ごとに試験の概要を示す．

- 藻類試験：水系食物連鎖における生産者として，単細胞緑藻類の一種であるムレミカヅキモ *Pseudokirchneriella subcapitata*（旧 *Selenastrum capricornutum*）が多く用いられる．イカダモの一種 *Desmodesmus subspicatus* が用いられることもある．化学物質に72時間曝露し，24時間ごとに藻類の細胞数を計測して増殖速度を求め，生長速度を50%阻害する濃度（EC_{50}）およびその無影響濃度（NOEC）をエンドポイントとする．エンドポイントが EC_{50} の場合には急性毒性，NOECの場合には慢性毒性として扱われるが，実際は同一の試験である．光合成や細胞壁合成などの植物に共通した生理現象を阻害する化学物質を検出できる．
- 甲殻類試験：水系食物連鎖における一次消費者として，大型動物プランクトンであるオオミジンコ *Daphnia magna* が用いられる．ミジンコ急性遊泳阻害試験は化学物質に48時間曝露した際に遊泳が阻害されたミジンコの頭数を数え，半数遊泳阻害濃度（EC_{50}）を求める．ミジンコ繁殖試験の濃度設定のための予備試験としても使われる．ミジンコ繁殖試験は化学物質に21日間曝露してミジンコの産仔数を数え，対照区の産仔数に対する50%阻害濃度（EC_{50}）およびそのNOECを求める．本試験は，慢性毒性に相当する．昆虫の神経伝達や脱皮など節足動物の生育や運動を阻害する化学物質を検出できる．
- 魚類試験：水系食物連鎖における高次消費者として，メダカ *Oryzias latipes* が多く用いられるが，ゼブラフィッシュ *Danio rerio* などほかの魚でもかまわない（本文参照）．魚類急性毒性試験では化学物質に96時間曝露して魚類の致死影響を調べて半数致死濃度（LC_{50}）を求める．呼吸・神経阻害，細胞・器官障害などの影響を検出できるが，成長，繁殖，世代間影響などはわからない．魚類初期生活段階毒性試験は化学物質に受精卵の段階から孵化後約30日間曝露し，魚の成長や行動に及ぼす影響を調べ，最小影響濃度（LOEC）およびNOECを求める．慢性毒性試験として位置づけられており，神経，消化器，エネルギー代謝など成長に影響する阻害要因を検出できる．一般に体サイズと産卵数が相関することが多いため成長に影響がなければ次世代の繁殖に影響しないと考えられていたが，微量でホルモン様に作用する内分泌攪乱化学物質が広く知られるようになり，本試験では繁殖や次世代個体への影響までは調査できないとされる．OECDのテストガイドラインには繁殖影響を調べる試験として，TG229，性成熟を調べる試験としてTG 234，次世代個体への影響を調べる試験としてはTG240が存在するが，現時点でこれらは化審法には採用されていない．
- 底生生物：底質添加によるユスリカ毒性試験として，セスジユスリカ *Chironomus yoshimatsui* が主に用いられている．OECDテストガイドラインには曝露方法が異なる2種類の底質毒性試験が存在するが，日本では底質添加によるユスリカ毒性試験TG218が用いられる．被験物質を添加した底質にユスリカを入れ，孵化後1齢幼虫から羽化まで（20～28日間）曝露し，雌雄ごとの孵化に要した日数，羽化率などを測定しNOECを求める．底質汚染を模した慢性毒性試験と位置づけられる．

第14章 創薬への応用

14.1 化合物スクリーニングとは

市販のものから公的機関が独自にストックしたものまで，さまざまな化合物を集めた化合物ライブラリーが存在する．この化合物ライブラリーから種々のアッセイ系を用い化合物を評価し，個々の研究者が興味のある標的分子や現象に影響を与える新しい薬剤の候補を選定する作業を化合物スクリーニングとよぶ．化合物スクリーニングを行う目的として大きく2つに分けることができ，新たな治療薬の開発のためのリード化合物の発見と，標的となる現象や分子の生物学的研究解析のために利用するツール化合物の取得である．このような化合物スクリーニングが，ゼブラフィッシュの野生型系統だけでなく，さまざまな突然変異系統や遺伝子導入魚を用い行われ，個々の研究者が明らかにしたい現象に影響を与える新たな分子が発見されている．本章では，ゼブラフィッシュの化合物スクリーニングについて，筆者が以前行った，組織特異的にルシフェラーゼを発現する遺伝子導入ゼブラフィッシュを用いた方法を一例に紹介する．

14.2 創薬におけるゼブラフィッシュ使用の位置づけ

さまざまな哺乳類細胞株を用いた化合物スクリーニングは古くから行われており，現在もリード化合物の創出の中心的な手法として認識されている．一方で，細胞株を用いた研究は，*in vitro* での実験であるため，*in vivo*（生体）で再現性がとれない場合や利用できない場合がある．さらに長年にわたり多くの人があらゆる細胞株を用いて行ってきたこともあり，細胞株を利用した方法では，新たな薬剤の発見には限界があるとささやかれており，近年はiPS 細胞から分化誘導した細胞を用いるなど，異なる材料を用いた化合物スクリーニングの試みも行われている．

ゼブラフィッシュは水生の小型脊椎動物であり，胚や仔魚が96ウェルプレートで飼育できるため，マウスを含む哺乳類のモデル動物では難しい大規模な化合物スクリーニングが可能である．生体における現象の多くは，単一の組織においてのみ引き起こされるわけではなく，さまざまな組織間の相互作用に起因する．これらのことは，*in vitro* では再現が難しい現象を含め，*in vitro* では見つけることができなかった新たな薬剤の作用や標的の発見を可能にする．このようにゼブラフィッシュを用いた化合物スクリーニングの最大の特徴は，脊椎動物の *in vivo* でスクリーニングを行える点にある．

また，ゼブラフィッシュを用いた化合物スクリーニングは，標的分子が明らかなヒット化合物に着目することにより，解析したい現象に影響を与える新たな分子ならびに分子経路の発見を網羅的に行うことも可能にする．同じく網羅的な表現型解析を行うフォワードジェネティクスは，少なくとも数百の飼育水槽を必要とするのに対し，化合物スクリーニングは，用いる系統のゼブラフィッシュを数十匹飼育できる環境にあれば，数千から数万のスクリーニングが物理的に可能である（筆者は60匹で5,000個の化合物スクリーニングを行った）．これらに加え，フォワードジェネティクスの場合，表現型の原因遺伝子を明らかにする必要があり，さらに原因遺伝子が明らかになったとしてもそれを他の動物に応用するには，その動物の変異体の作製などさらに数年を要する．一方，スクリーニングで見つけた化合物は，そのまま投与できるので他の動物への応用もすぐに行える．このように，ゼブラフィッシュを用いたスクリーニングは時間や費用，スペースなど多くの点で創薬に有用であり，近年注目を集めている．さらに解析したい現象に寄与する新しい分子の発見にも有効な方法である。

14.3 化合物スクリーニングの方法

ゼブラフィッシュの化合物スクリーニングの方法として，顕微鏡による標的組織の形態観察が最も一般的であった．しかしながら，この方法は，ひとつひとつ研究者自身が個体の観察をしなければならず，非常に労力を要する．近年，蛍光タンパク質の発現を蛍光量で測定する機器がゼブラフィッシュのスクリーニング用に開発されており，大規模な化合物スクリーニングも行われるようになった．一方でこれらの機器の購入の必要性が，化合物スクリーニングを行ううえでの障壁になりうる．本節では，筆者が以前行った，他の実験でも利用される一般的なルミノメーターを使用した化合物スクリーニングを紹介する（Matsuda et al., 2018）．この方法は，組織特異的にルシフェラーゼを発現したゼブラフィッシュを作製して利用することにより，これまでの顕微鏡観察では難しかった数千から数万に及ぶ大規模な化合物スクリーニングを実現可能にした．

14.3.1 材料

飼育用試薬とゼブラフィッシュ

①egg water：1 L の蒸留水に 60 mg の Instant Ocean Sea Salt（Spectrum Brands 社）を加えたもの［注：E3 など他の溶液でも可］

②溶液Ⓐ：上の egg water に HEPES を 10 mM 加えたもの

③スクリーニング用ゼブラフィッシュ［注：ここでは AB ラインと *Tg*（*ins:Luc2*；*cryaa*：*mCherry*）*gi3*（以降 *ins:Luc2* と表記）を例に解説．遺伝子導入魚は，水晶体に蛍光マーカーを発現している．］

④φ10 cm プラスチックディッシュ

⑤麻酔薬：egg water 97.5 mL にトリカイン（3-アミノ安息香酸エチルメタンスルホン酸塩）400 mg を加えたものをストック溶液として準備

⑥蛍光実体顕微鏡

低分子化合物ライブラリーと薬剤処理

①低分子化合物ライブラリー溶液Ⓑ：The Spectrum Collection（MicroSource Discovery Systems 社），US Drug Collection（MicroSource Discovery Systems 社），LOPAC1280（Sigma-Aldrich 社），Prestwick Chemical Library（Prestwick Chemical 社）を使用．これらを DMSO に溶解し 1 mM にしたものを分注し，各ライブラリーの販売元の指示に従い −20℃ もしくは −80℃ で 96 ウェルプレートに保存．

②ルミノメーター用 96 ウェルプレート

生体発光スクリーニング

①Steady-Glo® Luciferase Assay System（プロメガ（株））［注：ここでは 2 mL で分注して −20℃ にて保存］

②Microseal® b'ホイル（Bio-Rad Laboratories 社）

③ルミノメーター・マルチプレートリーダー［注：ここでは FLUOstar Omega（BMG LABTECH 社）を使用］

14.3.2 方法（図 14.1）

a. 実験に用いる遺伝子導入魚を発生

①10〜30 匹の *ins:Luc2* のホモ接合体を野生種と掛け合わせ，*ins:Luc2* のヘミ接合体を発生させる（図 14.1a）．

②φ10 cm プラスチックディッシュに胚を集め，ディッシュごとに 150 匹以内で飼育する．

b. 低分子化合物処理

①低分子化合物処理前日（ここでは 3 日齢）に，目の蛍光マーカーを蛍光実体顕微鏡で確認し，*ins:Luc2* のスクリーニングを行う．

②実験当日（4 日齢）に，スクリーニングに使う仔魚を数回 egg water で洗い，14.3.1 項の溶液Ⓐに交換する．次に，麻酔をかけ眠らせたの

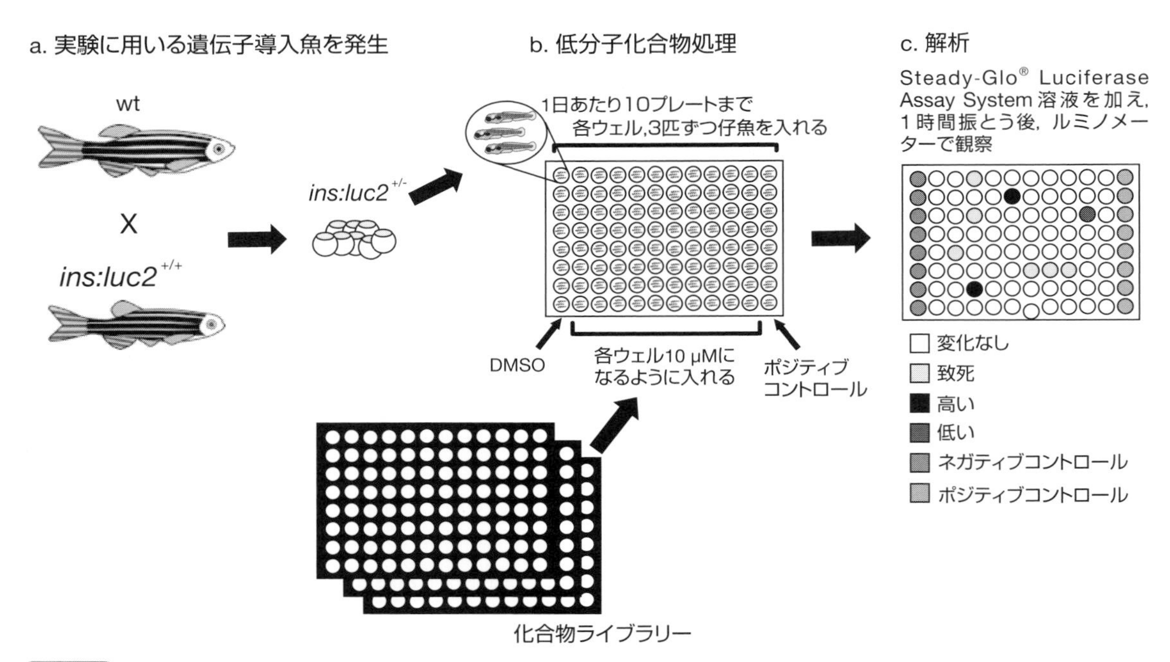

図14.1 化合物スクリーニングの方法

ち，再び溶液Ⓐに置換する．

③ 200 µL に合わせた P200 マイクロピペットと先端を切ったチップを使い，図 14.1b で示すように 96 ウェルプレート内に 3 匹ずつ仔魚を分配する．

④ 14.3.1 項で準備した化合物ライブラリー溶液Ⓑをマルチチャネルピペットを用いて 2 µL ずつウェルに加える（100 分の 1 に希釈され濃度は 10 µM となる）．ポジティブコントロールとネガティブコントロールのレーンにそれぞれポジティブコントロールとネガティブコントロール（DMSO）を加える．プレートにカバーをかけ，アルミホイルで遮光する．

⑤解析を行うステージ（ここでは 6 日齢）になるまで 28.5℃ で飼育する．

c. 解析

① 分注した Steady-Glo® Luciferase Assay System 溶液を氷上で遮光して溶かす．

②マルチチャネルピペットを使い，サンプルの 96 ウェルプレートから 100 µL ずつ溶液を除く（仔魚を間違って取り除かないよう気をつける）．

③実体顕微鏡を使い，薬物毒性の兆候を確認する．明らかな毒性の兆候（死んでいるものなど）が見られるものは記録し，実験から取り除く．

④ 50 µL の Steady-Glo® Luciferase Assay System 溶液を各ウェルに加え，遮光しながら 1 時間室温で振とうする．

⑤ルミノメーターを用い，バイオルミネセンスを測定する．

⑥計測値を標準化し，ヒット化合物を見つける（図 14.1c）．

14.3.3 実験の成功のポイント

a. 魚と解析方法の選定

一般的な化合物スクリーニングと同様に，どの魚を使い，どのように解析してスクリーニングを行うかが成功の鍵になるので，スクリーニングを行う前に綿密に計画を立てることが重要である．1 つの案としてまず，比較的ラフな一次スクリーニングを行い，その後一次スクリーニングのヒット化合物を用いて，別のアッセイ系による二次，三次スクリーニングを行い，詳細な絞り込みを行う．実際に筆者は，膵β細胞の機能を向上させる化合物を見つけることを目的に，*ins:Luc2*の一次スクリーニングを行い，インスリンの発現を変える化合物を260個まで絞り込んだあと，これらヒット化合物の生体グルコース量への影響をグルコースアッセイという方法で調べる（二次スクリーニング）ことにより，インスリンの発現を向上させ，生体グルコースを低下させる86個の化合物を見つけることに成功している．

b. タイムコースの設定

スクリーニングを行ううえで重要な要因は，どのタイムコースを用い行うかである．これまでにゼブラフィッシュを用いて行われたスクリーニングでは，数時間から数日と多岐にわたっており，その選択肢は幅広い．さまざまな予備実験により，実験ならびに解析がやりやすいタイムコースを慎重に見つけてくることが重要である．筆者の場合は，先の研究で見つかっていた膵β細胞の増殖，分化，成熟化などに関わる化合物を3～8日齢の間で1～3日間処理し，最も多くの化合物が，*ins:Luc2*の活性をあげるタイムコースを選定した（4～6日齢（48時間））．このようにポジティブコントロールを利用するのが，条件検討のための効果的な方法である．いいポジティブコントロールがない場合で，あらかじめ見たい現象を詳細に解析してあれば，適切なタイムコースを設定できる．たとえば，細胞増殖を活性化するものを探索するのであれば，細胞増殖が低い時期を，細胞の分化を見たい場合は，分化が起きる前をスクリーニングのタイミングに設定すればいい．個々の研究者でそれぞれの目的からタイムコースの設定をしてほしい．

c. ライブラリーの選定

筆者も含め，これまで報告されているゼブラフィッシュの化合物スクリーニングの多くは，欧米を中心に海外で行われてきた．これらの研究で使用されたライブラリーの多くは，各企業が販売しているもの，もしくは個々の研究所や大学が所有しているものに大別できる．筆者は，The Spectrum Collection（MicroSource Discovery Systems社），The US Drug Collection（MicroSource Discovery Systems社），LOPAC1280（Sigma-Aldrich社），Prestwick Chemical Library®（Prestwick Chemical社）の4つの市販されているライブラリーを用いたが，その選定理由は，これらが生理活性物質のライブラリーであり，さらに筆者が所属していたマックスプランク研究所で所有していたものなので，安価に入手できたからである．一方，実際に実験をこれから始める際，各製薬会社から市販されている化合物ライブラリーは非常に高価で，多くの研究者はなかなか手を出せないだろう．現在，日本国内では，東京大学創薬機構が安価に利用できる公的化合物ライブラリーを構築している（**表14.1**）．このような公的化合物ライブラリーを利用するのも有効な方法である．

表14.1 日本で利用可能な代表的なライブラリー

会社・機構名	ライブラリー名	化合物数(個)	容量(μl)
Sigma-Aldrich社	LOPAC1280	1,360	125
Enzo Life Sciences社	ICCB Known Biocactives Library	472	100
MicroSource Discovery Systems社	The NatProd Collection	800	125～1,000
MicroSource Discovery Systems社	The US Drug Collection	1,360	125～1,000
東京大学創薬機構		100～100,000	5

14.4 ゼブラフィッシュ創薬の展望

日本の研究室による報告がほとんどないものの，ゼブラフィッシュの化合物スクリーニングは，これまで欧米を中心に20年近く行われてきた．2015年のRennekampとPetersonのレビューによると，2015年までに掲載された化合物スクリーニングの論文のジャーナルのインパクトファクターの平均は10を超えており，それなりに高いクオリティの研究が行われてきたといえる．このような成果の一方で，ゼブラフィッシュの研究者を除いて，ゼブラフィッシュによる化合物スクリーニングの認知度は低く，他の動物の研究者の間ではほとんど認識されていないのが現状である．他方，以前，筆者が個人的に参加した製薬会社主催の研究会では，聴衆の反応は悪いものではなく，これらの方法が本当に創薬において実用的なのかに関心をもっているように思えた．ただ，ゼブラフィッシュを用いたスクリーニングからヒトに応用されるまで至った研究の実例は少なく，製薬会社の研究者が実際にゼブラフィッシュ創薬に参入するのには，敷居が高いのも理解できる．今後のゼブラフィッシュによる創薬研究の発展のためにも，多くの研究者がさまざまなアッセイ方法を用いて，化合物スクリーニングにトライし，さらにこれらの実験によるヒット化合物を哺乳類に応用して，その有用性を示すことが必要である．ゼブラフィッシュを用いた創薬研究は黎明期にあり，まだ開拓し，発展する余地がある．今後より面白くより興味深い研究が展開されることが期待される． 〔松田大樹〕

>>> 引用文献

Matsuda, H. et al., Whole-organism chemical screening identifies modulators of pancreatic β-cell function, *Diabetes*, **67** (11), 2268-79 (2018).

Rennekamp A. J. and R. T. Peterson, 15 years of zebrafish chemical screening, *Curr. Opin. Chem. Biol.*, **24**, 58-70 (2015).

第15章 ゼブラフィッシュのデータベース

15.1 ZFIN (The Zebrafish Information Network)

15.1.1 ZFIN 概要

ゼブラフィッシュのデータベースといえば，まずZFIN[1]（Ruzicka et al., 2019）があげられる．ゼブラフィッシュの飼育法や実験法などをまとめた *The Zebrafish Book* の著者でもあるオレゴン大学のウェスターフィールド（Monte Westerfield）博士を中心とした専門スタッフにより運営されており，ゼブラフィッシュの全遺伝子について発現パターン，変異体のアリルと表現型，トランスジェニック系統，抗体，さらに解剖学的構造や関連論文などさまざまな情報が網羅されている．常に新しい論文に目を光らせ，頻繁にアップデートされており，利用者の声も反映して新しい項目が加えられている．

15.1.2 ZFIN トップページ

ZFIN全体に対してキーワード検索できるが（図15.1②），データ・エントリー数が膨大で，たとえばfgf8で検索すると遺伝子／転写産物など21件，遺伝子発現1,308件，表現型212件など総計3,362件もヒットする（2020年5月現在）．結果画面左側のカテゴリーの項目を選ぶと各項目の結果を絞り込むことができる．

それぞれの項目ごとの検索もできる．遺伝子名で検索する場合は図15.1③のリンクから検索ページにアクセスできる．DNAあるいはアミノ酸配列の情報がある場合は，図15.1⑥のBLAST検索により目的のゼブラフィッシュ遺伝子にたどり着ける．遺伝子発現パターンを指標にした検索（図15.1④と図15.2）も可能である．変異体の情報や機能阻害実験，トランスジェニックに関する検索は図15.1⑤．図15.1⑦では組織名やヒトの疾患をキーワードとして関連情報を検索できる．

論文投稿に関する注意事項が［Guidelines for Authors］としてまとめられており（図15.1⑨），ゼブラフィッシュに関する論文などを準備する際には，まずこちらを確認したい．新たに単離した遺伝子などの命名に際して指標とするべき情報は［Nomenclature Conventions］として記載されている（図15.1⑧）．遺伝子名に関する命名法（図15.3）のほか，変異体やトランスジェニック系統，アリル，ジェノタイプなどに関する命名法が詳述されている．新しく単離した遺伝子をGenBank/DDBJなどのデータベースに登録する前に，また変異体やトランスジェニック系統をナショナルバイオリソースプロジェクト（NBRP）などに委託する前に，一度は目を通して適切な命名を心がけてほしい．自分で判断できない場合は命名について相談すると，親切に対応してくれる．

ゼブラフィッシュの遺伝子名は，変異体の名前や他の生物のオーソログの影響などにより変更されることがあり，論文などではGenBankアクセション番号とZFINのIDを併記することが推奨される．たとえばift57（NM_001001832, ZDB-GENE-040614-1）．

ゼブラフィッシュの研究コミュニティーによる実験プロトコールや公募情報，学会情報，研究者・研究室情報，オンライン版の *The Zebrafish Book* など，および第16章で概説されているZIRCへは，図15.1①のタブ［Resources］または［Community］およびトップページ下部にリンクがある．

15.1.3 遺伝子の発現部位を調べる

ZFINの当該遺伝子のページでGENE EX-

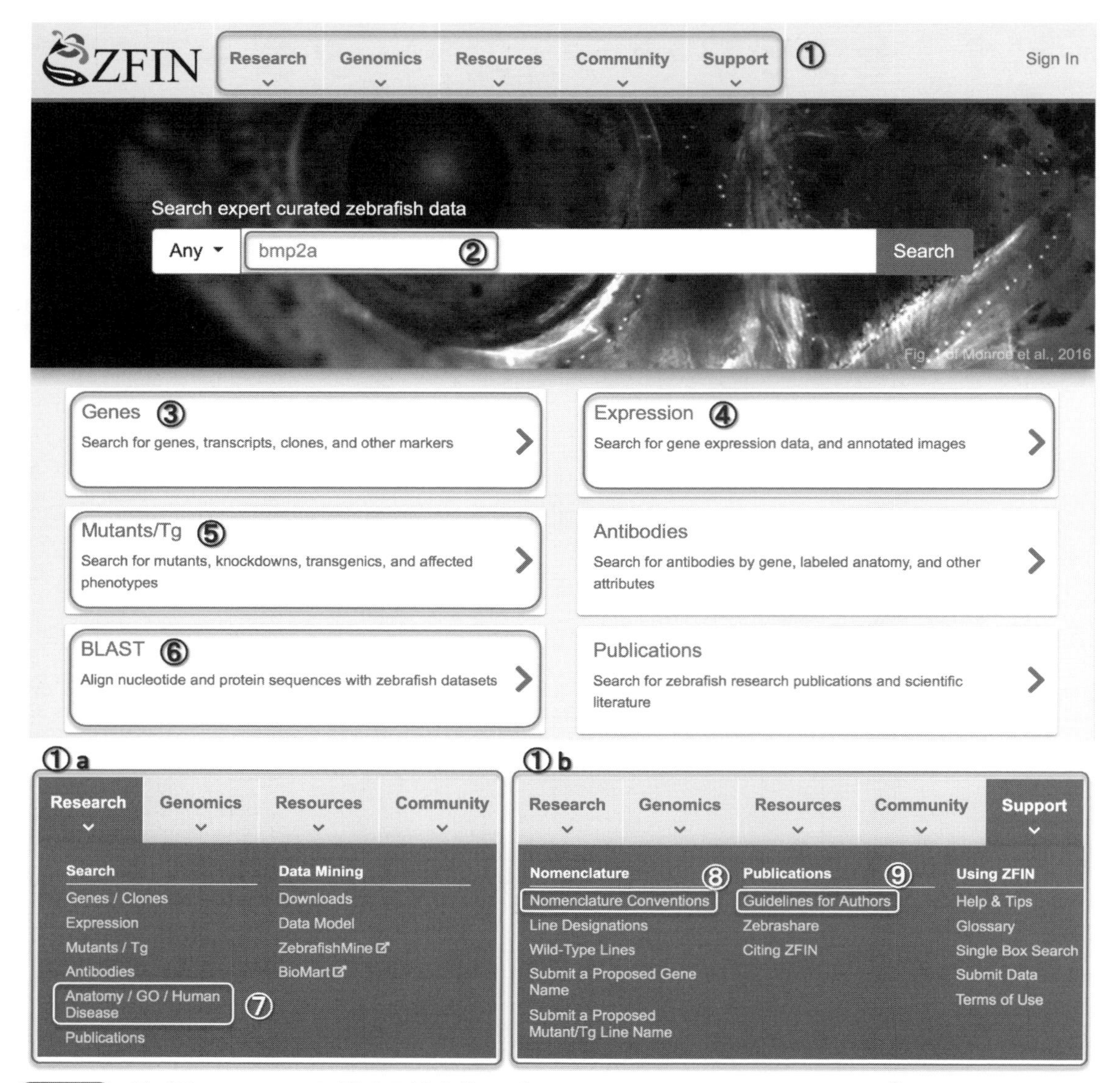

図15.1 ゼブラフィッシュに関する総合的なデータベース ZFIN のトップページ [1)]

ゼブラフィッシュを実験モデルとして使用する際に必要なさまざまな情報が網羅されている．①タブリンクへ，リンク先の例は下段①aおよび①b．②データベース全体の検索，③遺伝子名による検索，④遺伝子発現に関する検索で，リンク先は図15.2．⑤変異体，遺伝子機能阻害実験，トランスジェニックに関する検索，⑥ゼブラフィッシュのデータに対するBLAST検索，⑦解剖学的組織名あるいはヒト疾患に関する検索，⑧遺伝子や変異体の命名法，⑨論文投稿に関するガイドライン．このほか，ゼブラフィッシュ研究コミュニティー情報として，ニュース記事や学会情報，求人情報，研究者・研究室データベース，ゼブラフィッシュリソースセンター ZIRC やオンライン版 *The Zebrafish Book* へのリンク，Ensembl や UCSC のゲノムブラウザや NCBI へのリンクなどがある．

PRESSION をチェックする（図15.4③）．ZFIN に直接サブミットされたもの，または論文発表されていれば，*in situ* ハイブリダイゼーションや RT-PCR などのデータを見ることができ，出典の論文へのリンクもある．High Throughput Expression の［GEO］には，NCBI の GEO（Gene Expression Omnibus）に登録されているマイクロアレイデータへのリンクがある．

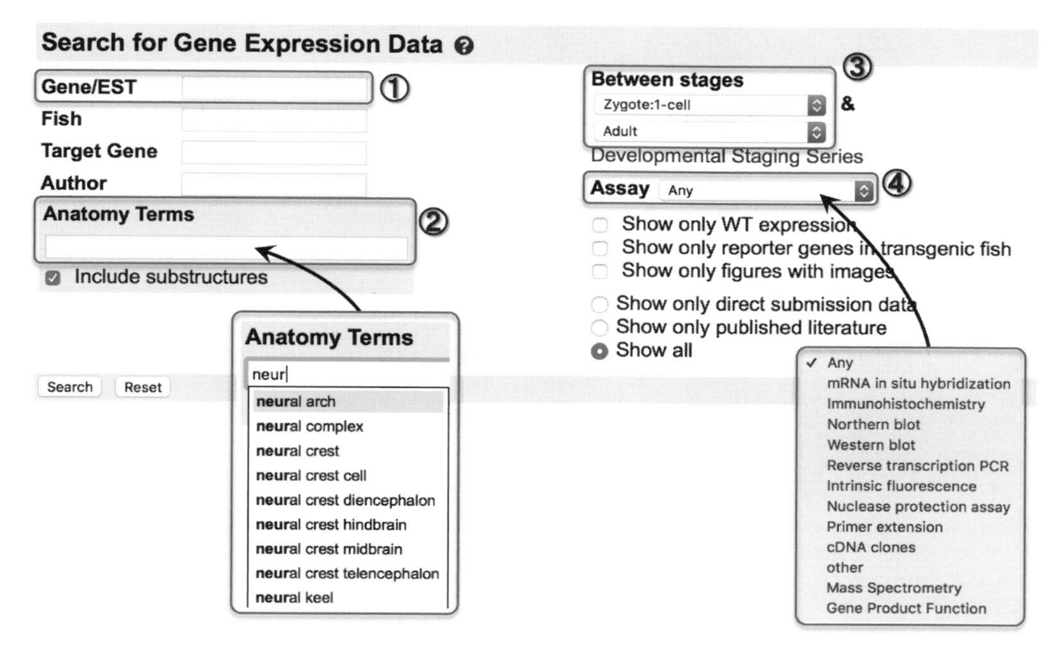

図15.2 ZFIN の遺伝子発現パターンによる検索 [1)]

遺伝子名による検索（①）もできるが，②で興味のある組織名（入力中に候補を示してくれる），③で発生ステージを選択し，④で実験方法を選択して検索すると，これらの条件に合った発現パターンを示す遺伝子の情報を得ることができる．

	遺伝子	タンパク質
ゼブラフィッシュ	*shha*	Shha
ヒト	*SHH*	SHH
マウス	*Shh*	SHH

図15.3 ゼブラフィッシュの遺伝子名およびタンパク質の表記法

ゼブラフィッシュの遺伝子名はすべて小文字で，斜体で表記する．タンパク質名は先頭の文字のみ大文字で，それ以外は小文字で表記する．

15.1.4 変異体や遺伝子機能阻害の表現型を探す

変異体には論文発表されたものだけでなく，TILLING で作製されて論文になっていないものも，入手可能な場合がある（正確には目的の変異を有する精子が凍結保存されているだけで，変異体は作製されていない）．あわせて MUTATIONS AND SEQUENCE TARGETING REAGENTS（図 15.4 ④）に記載されている．アリル名，変異タイプ（点変異・挿入変異などの別），変異の位置，転写および翻訳産物への変化，入手可能かなどの情報がある．

Sequence Targeting Reagents（図 15.4 ⑤）とは，遺伝子機能阻害の情報で，ワークする CRISPR の guideRNA 配列や，アンチセンスモルフォリノオリゴの配列を調べることができる．

PHENOTYPE（図 15.4 ⑥）には変異体の表現型について，論文発表された図のデータが集約されている．リンク先に文献情報があり，変異体について解析した論文の原典をあたることができる．

15.1.5 ヒトの病気との関係を調べる

当該遺伝子のページで DISEASE ASSOCIATED WITH … HUMAN ORTHOLOG をチェックする（図 15.4 ⑦）．また ORTHOLOGY for...（図 15.4 ⑨）に OMIM のリンクがあれば，そのままヒトの遺伝病に関するデータベース OMIM®（詳しくは次節）にアクセスすることができる．

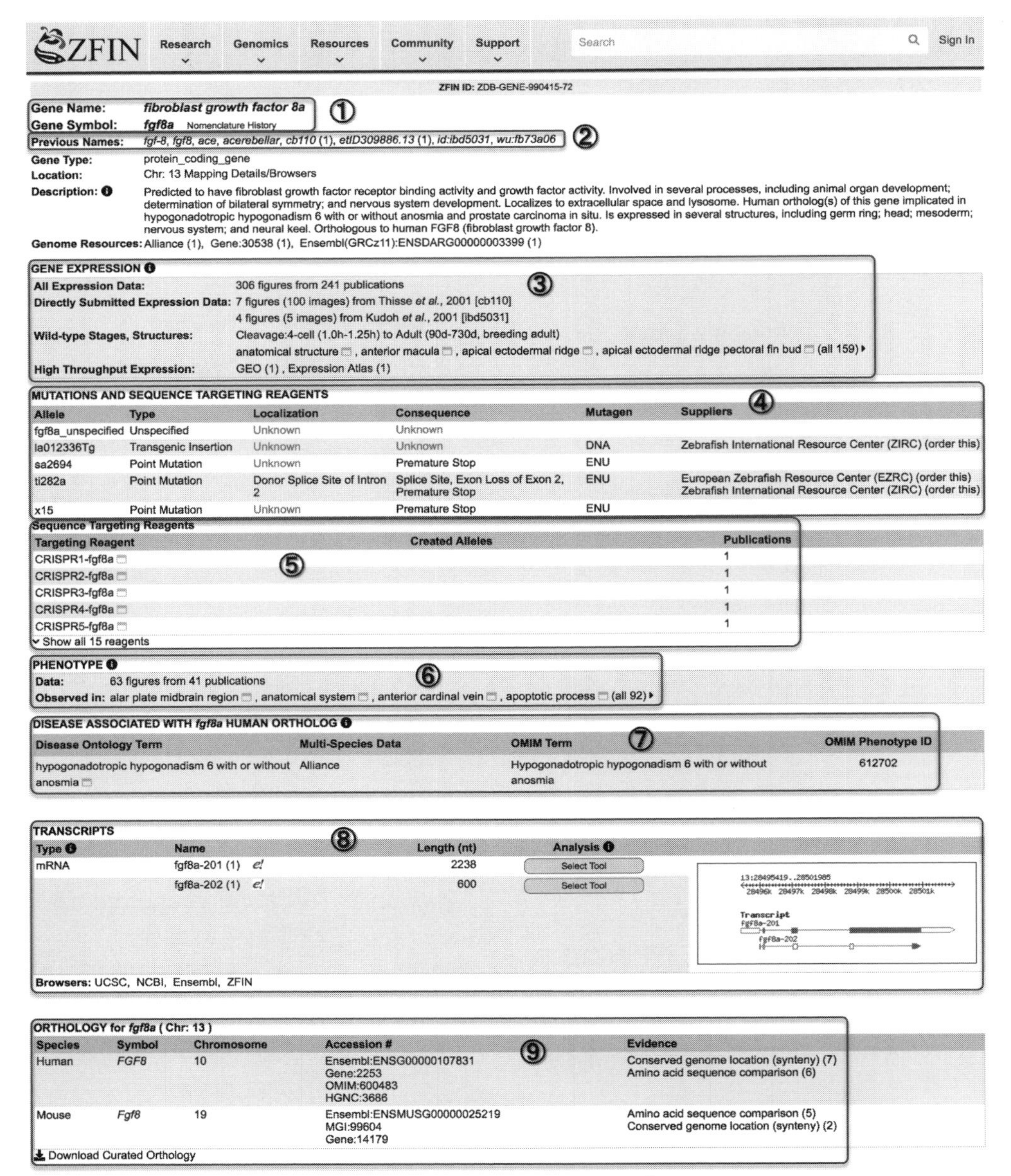

図15.4 ZFIN の各遺伝子のページ（ここでは例として *fgf8a*）[1]

遺伝子名と略称（①）．過去の遺伝子名（②）．遺伝子発現に関する情報③では，論文などに発表された情報が抽出してまとめられているほか，ZFIN に直接サブミットされた発現パターンも網羅され，データのソースごとにまとめられている．変異体に関する情報と供給元④，CRISPR およびモルフォリノの標的配列情報⑤，変異体または機能阻害での表現型の情報⑥，ヒト疾患との関連と OMIM へのリンク⑦．TRANSCRIPTS ⑧ではアイフォソームなどの転写産物について，エキソン・イントロン構造の模式図とともに示されている．遺伝子のオーソロジー⑨では，ヒトおよびマウスのオーソログの情報と NCBI の Gene エントリー，OMIM®（Online Mendelian Inheritance in Man®），HUGO（Human Genome Organization）の HGNC（HUGO Gene Nomenclature Committee）および MGI（Mouse Genome Informatics）へのリンクがある．Evidence として，オーソログであると判断するに至った情報が示されている．このほか，プラスミド，BAC クローン，cDNA クローンとその供給元，GenBank の RefSeq，UCSC や Ensembl などのゲノムブラウザへのリンクもある．GenBank の RefSeq にアクセスすると，遺伝子と mRNA の配列情報，アミノ酸配列，参考文献などの情報を得ることができる．RefSeq など，遺伝子やゲノムに関するさまざまなデータベースにも ZFIN へのリンクがあるので，そういったリンクから ZFIN のページに来ることもできる．

15.2 OMIM® (Online Mendelian Inheritance in Man®)

ジョンズ・ホプキンズ大学医学部で管理されているヒトの遺伝子と遺伝病に関する包括的なデータベースで，疾患名または遺伝子名による検索ができる．https://www.omim.org または https://www.ncbi.nlm.nih.gov のデータベースで OMIM を選択して検索．すべてのページではないが，ZFIN へのリンクもある．

15.3 ゼブラフィッシュの遺伝子重複

15.3.1 全ゲノム倍加

ゼブラフィッシュを用いて研究を行う場合，生物種間の遺伝子レパートリーの違いに注意する必要がある．たとえば，ヒト疾患のモデルとしてゼブラフィッシュを使用する場合には，ヒトの疾患遺伝子に対応するゼブラフィッシュオーソログを単離し，発現を解析したうえで遺伝子機能阻害を行うのが定石である．しかし，ヒトの遺伝子とゼブラフィッシュの遺伝子で，1 対 1 の対応がつかないケースがある（図 15.5；Postlethwait et al., 2004）．

ヒトで Hox クラスターが 4 つあることから想像できるように，脊椎動物の共通の祖先は全ゲノム倍加（Whole Genome Duplication：WGD）を 2 回（R1, R2）経験している．ゼブラフィッシュを含む真骨魚類は，四肢動物（両生類・爬虫類・鳥類・哺乳類）との共通祖先から分岐したあと

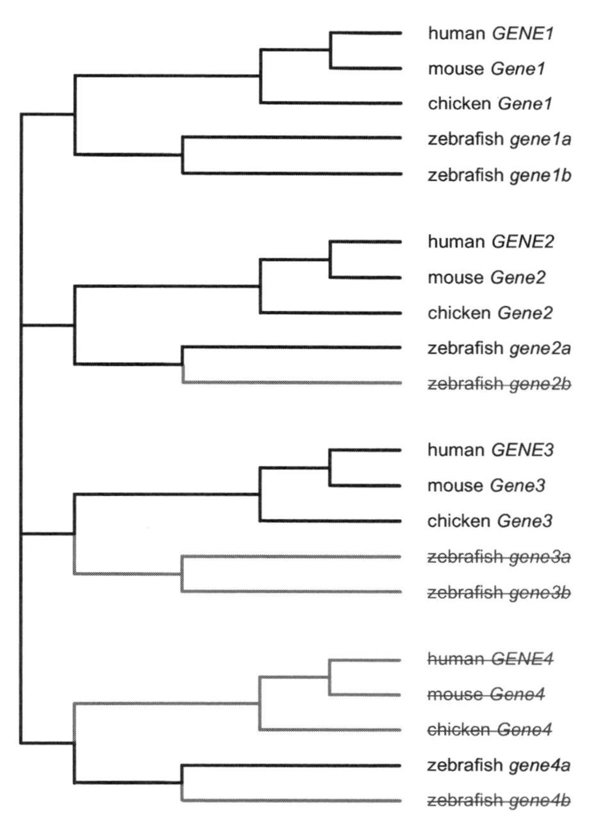

図15.5 仮想遺伝子の系統樹
脊椎動物は 2 度の全ゲノム倍加（R1, R2）により，4 つのパラログ遺伝子（*Gene1*～*4*）が生じたと考えられるが，変異の蓄積などにより偽遺伝子化も起こる．この例ではヒト，マウス，ニワトリの *Gene4* が失われている．ゼブラフィッシュなどの真骨魚類は四肢動物との共通祖先から分岐したあとに，全ゲノム倍加（R3）があり，四肢動物の各遺伝子について，2 つのオーソログ（co-ortholog）が生じたと考えられ，両方が保持されるケース，片方のみ保持されるケース，両方とも失われるケースがある．

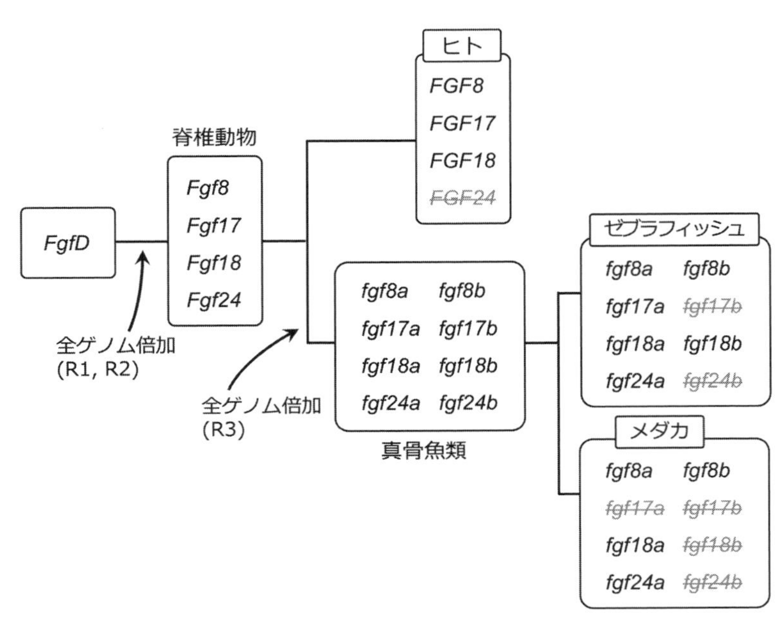

図15.6 *FgfD*（8/17/18/24）サブファミリーの例に見る，全ゲノム倍加と種特異的な遺伝子の保持／喪失

脊椎動物の共通の祖先で起こった全ゲノム倍加により，*Fgf8, Fgf17, Fgf18, Fgf24* が生じたと考えられる．これらのうち *Fgf24* はヒトやマウスを含む多くの四肢動物では失われているが，*Fgf8, Fgf17, Fgf18* は保持されている．ゼブラフィッシュやメダカなど，ほとんどの現生魚類が含まれる真骨魚類の共通の祖先では，四肢動物に至る系統と分岐したあとに，全ゲノム倍加が起こり，四肢動物と比べると遺伝子は 2 倍になったと考えられる．ゼブラフィッシュやメダカでは，*fgf17b* および *fgf24b* が失われ，メダカではさらに *fgf17a* と *fgf18b* も失われている．遺伝子の喪失は種分化と並行して起こるため，生物種間の遺伝子レパートリーに差異が生じる．

に，3 度目の全ゲノム倍加（R3）を経験したとされる．倍加直後はすべての遺伝子セットが 2 倍になったはずだが，変異の蓄積による偽遺伝子化が種分化と並行して起こるため，生物種間で遺伝子のレパートリーが異なるケースが多く見られる（図 15.6）．また遺伝子の機能は，倍加した遺伝子に分配されることがあるが，この分配パターンも生物種間で異なることがある．遺伝子機能の分配は，解析を複雑にすることがあるが，多面的（pleiotropic）な遺伝子の機能が分配されることにより，解析可能になることもある（Postlethwait et al., 2004）．たとえば，図 15.5 の *Gene1* が初期卵割と心臓形成に必須であるとしよう．マウスの *Gene1* 変異体は着床できず胚性致死となり，心臓形成は解析できないが，ゼブラフィッシュでこれらの機能が *gene1a* と *gene1b* にそれぞれ分配されていれば，初期卵割における機能を *gene1a* 変異体で，心臓形成における機能を *gene1b* 変異体で解析できる．

遺伝子として 1 対 1 の対応がつく場合でも，当該遺伝子として複数のパラログ遺伝子があり機能を相補する場合には種間の違いにより表現型が異なることもある（図 15.7；Draper et al., 2003；Yokoi et al., 2007）．ゼブラフィッシュを実験モデル生物として使用するのは，遺伝子機能が生物種間で進化的に保存されていることに基づくが，生物種間の多様性についても慎重に吟味する必要がある．

15.3.2 レシプローカル BLAST のススメ

他の生物の配列をクエリー（検索元配列・キーワード）として NCBI の BLAST®（https://blast.ncbi.nlm.nih.gov/Blast.cgi）でゼブラフィッシュのオーソログを探す場合，Organism にゼブラ

ゼブラフィッシュ

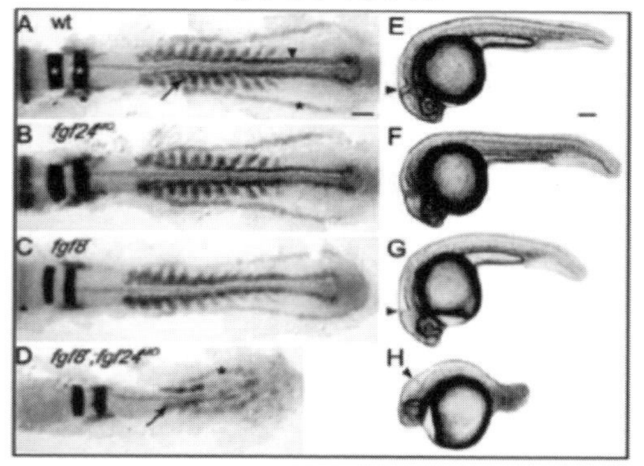

メダカ

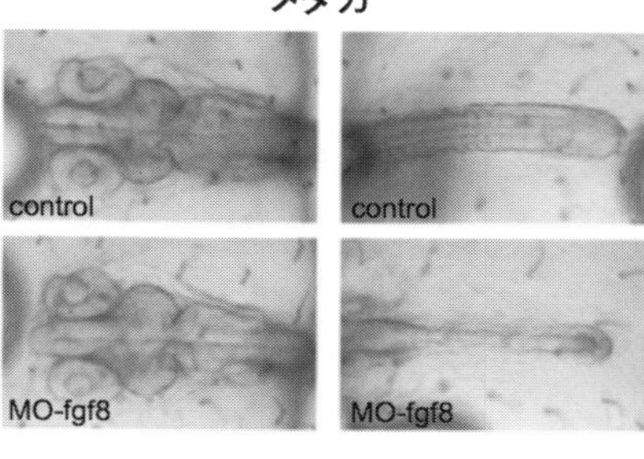

図15.7 胴尾部の形成に必要な *fgf8a* と *fgf24*

ゼブラフィッシュでは *fgf8a*（論文出版時は *fgf8*）と *fgf24* が胴尾部の形成に相補的に機能しており，片方の機能阻害では胴尾部は正常に形成され，両者の機能を阻害してはじめて胴尾部欠損の表現型を示す（Draper et al., 2003）．一方，メダカでは *fgf8a* の機能阻害で胴尾部形成異常となる（Yokoi et al., 2007）．*fgf8a* を機能阻害する方法が変異体かアンリセンスモルフォリノオリゴかという違いもあるが，*fgf24* による機能相補がメダカでは機能していない可能性も示唆される．

フィッシュの学名，Danio rerio（taxid：7955）と入力すると，ゼブラフィッシュのみを対象に検索できる．異なる生物種間でBLAST検索すると，オーソログでない類似の遺伝子にヒットすることがあり留意したい．たとえば，図15.5のオーソログ・パラログのケースで，ヒトの *GENE3* を使ってゼブラフィッシュのオーソログをBLAST検索した場合，ゼブラフィッシュでは *gene3a* と *gene3b* はともに存在しないため，次に近い遺伝子がヒットする．*gene2a* がヒットしたとしよう．この遺伝子が *GENE3* のゼブラフィッシュオーソログとは違うということに気づかないと，当初の目的とは違う研究を進めてしまう危険性がある．レシプローカルBLASTとは双方向のBLAST検索をするもので，その重要性を訴えたい．たとえばヒトの遺伝子でゼブラフィッシュオーソログを検索した場合は，その結果を受けて，ヒットしたゼブラフィッシュの遺伝子をクエリーとして使ってヒトのオーソログをBLAST検索（Organism に Homo sapiens（taxid：9606）と入力）し，元の遺伝子がヒットすることを確認してほしい．図15.5でもし，ヒトの *GENE3* を使ってオーソログをBLAST検索してゼブラフィッシュの *gene2a* がヒットしたとして，次に *gene2a* をクエリーとしてヒトに対してBLASTすると *GENE2* がヒットするので，ここでおかしいと気づくことができる．もし，ヒトの *GENE3* クエリーからゼブラフィッシュの *gene4a* がヒットした場合は，ヒトにBLASTバックしても，*GENE3* にヒットする可能性があり，レシプローカルBLASTも決してパーフェクトな検証とはいえない．このような場合においても，シンテニーを確認することで正しいオーソロジーを理解することができる．簡便にシンテニーを調べられるツールとして，後述のGenomicusがある．

15.4 Genomicus

Genomicus[2)]（Nguyen et al., 2018）は手軽にシンテニー解析を行えるウェブブラウザで，フランス国立高等師範学校生物学研究所（Institut de Biologie de l'Ecole Normale Supérieure）のDyogen（Dynamique et Organisation des Génomes）研究室により管理されている．Help

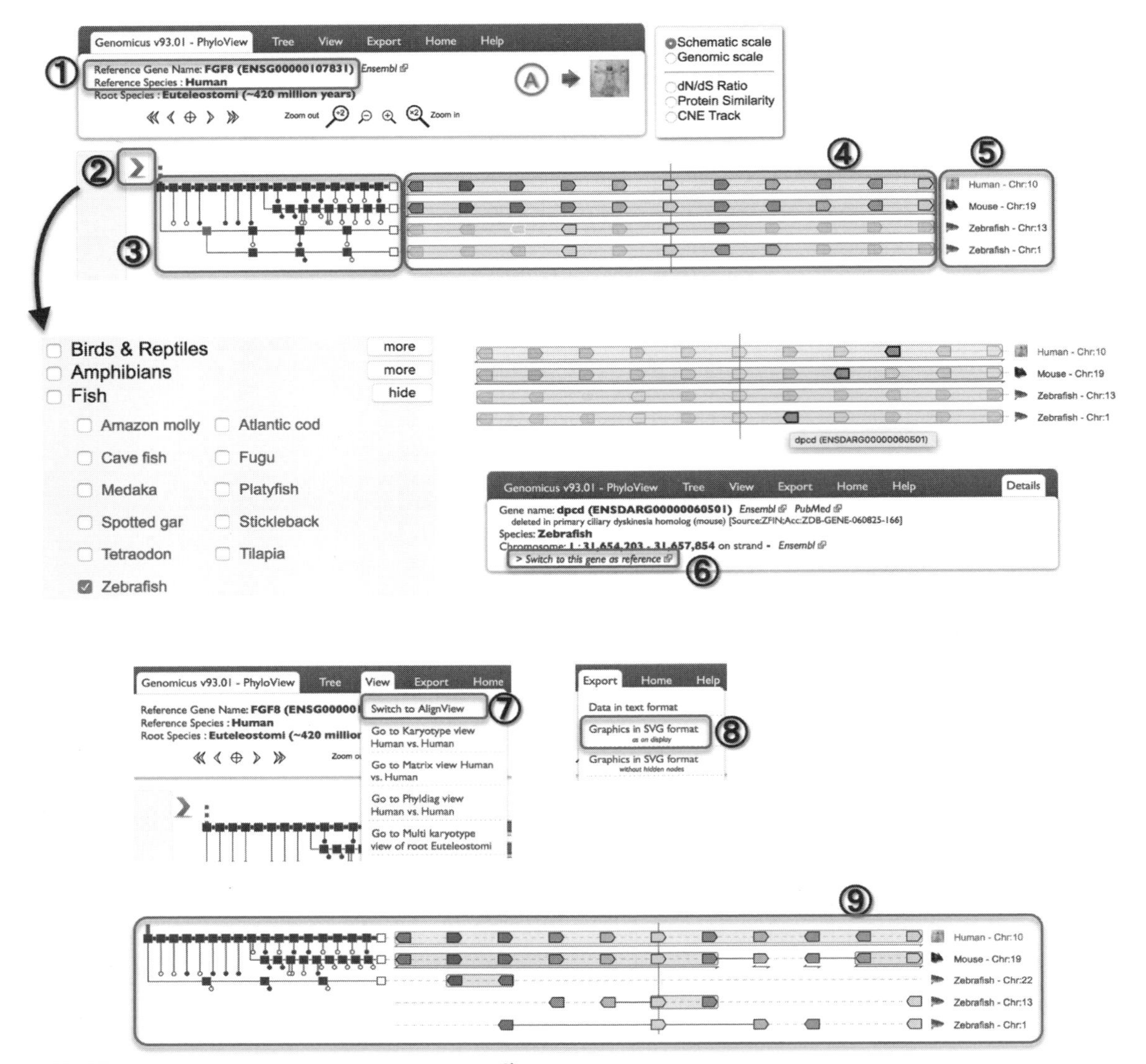

図15.8 シンテニーブラウザ Genomicus [2)]

①参照遺伝子，生物種．②クリックすると，表示する生物種を選択できる．③生物の系統樹．青ボックスは表示していない生物を示しており，クリックすると表示ありに切り替えられる．赤ボックスは遺伝子の重複（倍加）を示している．④シンテニー．参照遺伝子の周辺の遺伝子と，それに対応するオーソログが表示され，オーソログおよびパラログは同じ色で示される．⑤生物種と染色体（種によってはリンケージグループなど）．遺伝子上にカーソルを乗せるとオーソログがハイライトされ，遺伝子名が表示される．さらにクリックすると，⑥のようになり，参照遺伝子を切り替えることができる．メニューバーの［View］から［Switch to AlignView］⑦をクリックすると，シンテニー表示が AlignView ⑨に切り替わる．メニューバーの［Export］から［Graphics in SVG format］⑧をクリックすると，画像を保存することができる．

ページに簡単なチュートリアルビデオがある．Ensembl のデータセットを元に構築されており，Ensembl のアップデートに合わせて更新されることが多い．現在はバージョン 96 であるが，Ensembl の元データの一部に問題があるためバージョン 93（http://www.genomicus.biologie.ens.fr/genomicus-93.01/）の使用が推奨されている．

たとえば，ヒトの *FGF8* をクエリーとして検索すると，最初の画面ではヒトを含むすべての生物および祖先型生物の予測されたシンテニー構造が表示される．図 15.8 ②をクリックすると，表示する生物種を選択することができる．ここではヒト，マウスおよびゼブラフィッシュを選択して表示すると，ヒト *FGF8*，マウス *Fgf8* およびゼブラフィッシュの2つのオーソログ（co-ortholog）*fgf8a* と *fgf8b* が表示される．左側には系統樹が示され，青ボックスは非表示の生物を示しており，クリックすると表示される．赤ボックスは遺伝子の重複（倍加）を示しており，この例ではヒトとマウスの系統からゼブラフィッシュの系統が分岐したのちに *fgf8* の倍加が起こったことを示している．PhyloView では，*fgf8* の周辺の遺伝子が，ゲノム上の遺伝子の並び順に表示される．オーソログおよびパラログは同じ色で表示され，カーソルを移動させると，その遺伝子とオーソログがハイライトされ，遺伝子名が表示される．クリックすると図のようになり，⑧でその遺伝子をクエリーとしたシンテニーに切り替えることができる．AlignView では，参照遺伝子の周辺の遺伝子それぞれのオーソログが表示される．オーソログは，実線で結ばれたもの以外は，染色体上の位置に関する情報は含まれない．シンテニーの画像は SVG フォーマットで書き出せるので，Adobe Illustrator や Microsoft Power Point などで編集できる．

15.5 Ensembl

15.5.1 Ensembl ゲノムブラウザ

48 種類の魚類を含む 150 種類ほどの脊索動物について，アノテーションされたゲノムにアクセスできるブラウザである[3)]（2019 年 8 月現在；Zerbino, et al., 2018）．現在のゼブラフィッシュゲノムは GRCz11（Genome Reference Consortium Zebrafish Build 11，2017 年 5 月）というバージョンであり，自動アノテーションパイプラインをベースに，ゼブラフィッシュの cDNA や RNAseq データなどを加味して修正されている．定期的に次のバージョンにアップデートされるので，最新の情報をチェックしてから使うことが望ましい．

ゼブラフィッシュの目的遺伝子にたどり着く方法はいくつかあるが，ゼブラフィッシュの遺伝子名がはっきりしている場合は，トップページの検索で生物種名 Zebrafish を選択して遺伝子名を入力，検索する．遺伝子以外のエントリーもヒットするので，左側の Restrict category to で [Gene] を選択すると絞り込める．

ヒトやマウスなど他の生物の遺伝子のゼブラフィッシュオーソログを調べたいとき，他の生物の遺伝子名でゼブラフィッシュを検索すると目的とは別の遺伝子にヒットしてしまう場合がある．それは生物種間で遺伝子名とオーソロジーが一致しない場合があるからであり，慎重に吟味する必要がある．まず先述の検索で元の生物の遺伝子のページに行き（図 15.9），① [Gene gain/loss tree] および② [Orthologues] により，ゼブラフィッシュのオーソログを確認する．その生物とゼブラフィッシュの遺伝子が 1 対 1 対応するのか，1 対多数なのか，またオーソログが存在する場合はそのリンクからゼブラフィッシュのオーソログのページに行くことができる．図 15.9 で例示したヒト *ALDH1A1* の場合，ゼブラフィッシュではオーソログが失われている．種の系統関係から，オーソログが失われたタイミングを推測できる．近年ではゲノム情報を利用できる生物種が増えており，オーソロジーに関するデータの信頼性は増しているが，それでもすべてが正しいとは限らないことを頭の片隅に置きつつ，これらの情報を利用してもらいたい．次に示すように，遺伝子名よりも配列をクエリーとして BLAST 検索する方が信頼性が高い．

15.5.2 BLAST によるオーソログの確認

15.3.2 項でも強調したが，BLAST による対応オーソログのダブルチェックは重要である．BLAST/BLAT による方法では，ゼブラフィッ

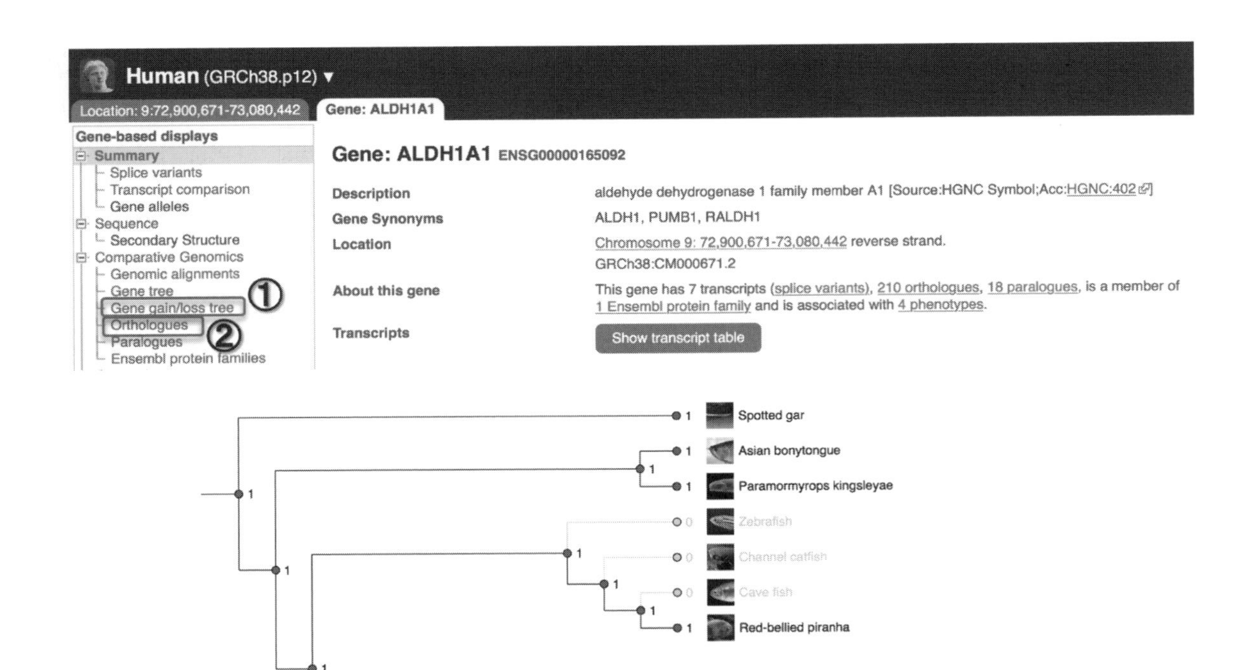

Species set	Show details	With 1:1 orthologues	With 1:many orthologues	With many:many orthologues	Without orthologues
Primates (*26 species*) Humans and other primates	☐	23	3	0	0
Fish (*48 species*) Ray-finned fishes	☐	22	2	0	24
All (*183 species*) All species, including invertebrates	☐	123	28	5	27

図15.9 Ensembl ゲノムブラウザ [3)]

画面左のツールバーで［Gene gain/loss tree］①をクリックすると，生物の系統樹と生物種ごとのオーソログの数を表示できる．オーソログの獲得／喪失が系統関係とともに要約されている．この例ではヒト ALDH1A1 のオーソログはゼブラフィッシュでは失われている．［Orthologues］②では，生物種ごとのオーソログの数を 1 対 1，1 対多数，多数対多数，オーソログなしに分類して表示し，また各生物種の遺伝子へのリンクがある．

シュあるいは他の生物の塩基配列またはアミノ酸配列をもとに，ゼブラフィッシュゲノムを検索する．進化的に離れた生物の情報を使用する場合は，クエリーとしてアミノ酸配列を用いた TBLASTN がよい．Search Sensitivity は［Normal］，必要に応じて［Distant homologies］を試す．他の生物の配列を用いて検索した場合は，念のため，レシプローカル BLAST で確認することをすすめる．ヒットしたゼブラフィッシュの配列を用いて，今度は元の生物，たとえばヒトのゲノムに対して BLAST バック（TBLASTN）して，元の遺伝子にヒットすることを確認する．別の遺伝子にヒットした場合は，種間で遺伝子セットの数が違う可能性が考えられるので，シンテニーを確認して，正しいオーソログであることを確認する．魚類での全ゲノム倍加によりオーソログがもう 1 つ存在する可能性（co-ortholog）を考慮して，トップ 2 ヒットまでレシプローカル BLAST で確認するとより安全である．

［Configure this page］をクリックすると，

ゲノムブラウザ上に表示するトラックを選択することができる．RNAseq データの情報を遺伝子構造とあわせて表示できるので，発生ステージや組織における発現強度を確認したり，エキソン・イントロン構造などのアノテーション予測が合っているかを確認できる．[Export data] では，ゲノム DNA 配列，cDNA，UTR，アミノ酸配列などの情報を抽出することができる．

15.6 データベースを十分に活用するために

本章で紹介したこれらデータベースについては，さまざまなビデオチュートリアルが利用可能で，中でも「統合 TV（http://togotv.dbcls.jp/）」では日本語で利用ガイドを参照することができる．データベースのデータはコンピュータの自動処理で産出されているものも多く，近年はデータの質・量ともによくなってきているが，問題があることも少なくない．疑問に思ったら，気軽にコンタクトしてみるとよい．〔横井勇人〕

>>> 引用文献

Draper, B. W. et al., Zebrafish *fgf24* functions with *fgf8* to promote posterior mesodermal development, *Development*, **130** (19), 4639-54 (2003).

Nguyen, N. T. T. et al., Genomicus 2018: karyotype evolutionary trees and on-the-fly synteny computing, *Nucleic Acids Res.*, **46**, D816-22 (2018).

Online Mendelian Inheritance in Man, OMIM®. McKusick-Nathans Institute of Genetic Medicine, Johns Hopkins University (Baltimore, MD) (2019).
https://omim.org/

Postlethwait, J. et al., Subfunction partitioning, the teleost radiation and the annotation of the human genome, *Trends Genet.*, **20** (10), 481-90 (2004).

Ruzicka, L. et al., The zebrafish information network: new support for non-coding genes, richer gene ontology annotations and the alliance of genome resources, *Nucleic Acids Res.*, **47** (D1), D867-73 (2019).

Yokoi, H. et al., Mutant analyses reveal different functions of *fgfr1* in medaka and zebrafish despite conserved ligand-receptor relationships, *Dev. Biol.*, **304** (1), 326-37 (2007).

Zerbino, D. R. et al., Ensembl 2018, *Nucleic Acids Res.*, **46** (D1), D754-61 (2018).

>>> 参考URL

1) The Zebrafish Information Network
http://zfin.org/

2) Genomicus
http://genomicus.biologie.ens.fr/genomicus

3) Ensembl
http://ensembl.org/

第16章 ゼブラフィッシュ・リソース事業

16.1 日本国内でのゼブラフィッシュ・リソース事業の歴史

ゼブラフィッシュは，これまでの章で述べたような種々の利点から，1980年代からモデル脊椎動物として研究に用いられてきた．近年は動物愛護の精神から，哺乳動物モデルの代替としてゼブラフィッシュの需要が高まっており，ライフサイエンスの研究において不可欠なリソースといえる．

1990年代半ばまで，ゼブラフィッシュで遺伝子機能を解析したくても，遺伝子発現操作に必須なトランスジェニックフィッシュを作製することは容易ではなかった．このブレークスルーとなったのが，東島，岡本らの緑色蛍光タンパク質(Green Fluorescent Protein：GFP）を発現するトランスジェニックフィッシュ作製(Higashijima et al., 1997；2000)，川上らの*Tol2*トランスポゾンシステムの開発，遺伝子トラップ法（Kawakami et al., 2000；Kawakami et al., 2004)，東島，川上らの巨大DNA（BAC）の導入（Kimura et al., 2006；Suster et al., 2009)，川上らのGal4/UASシステムの開発（Asakawa et al., 2008）である．モデル動物においてこれらの基本的な遺伝学的実験手法を，わが国が独自に開発したことは，ほかに例を見ない．これらの流れをうけ，現在わが国で作製されるトランスジェニックフィッシュ系統・突然変異系統の数は世界最大規模である．最近でもゲノム編集技術の開発が盛んな中で，日本の研究グループが世界に先駆けてノックインの効率的な手法を開発するなど，新たな技術，新たな系統を次々と生み出している．

ヒトをはじめとする複数の脊椎動物のゲノム情報が明らかにされ，ポストゲノム研究として遺伝子機能を全解明するためにモデル動物の重要性が増している．また癌・心臓病・神経変性疾患・生活習慣病の克服は現代医学の課題である．ゼブラフィッシュを用いてこれらヒト疾患モデルの開発や創薬スクリーニングなどの応用研究が盛んに行われるようになった（第14章参照)．さらに現代では「心の病」は大きな社会問題になってきている．岡本らの研究成果（Agetsuma et al., 2010；Aoki et al., 2013；Amo et al., 2014；Chou et al., 2016）が基礎となり，ゼブラフィッシュをモデル動物としたヒトの精神疾患・脳機能研究の見通しが立ちつつある．

リソースセンターの形成は，これらのゼブラフィッシュ系統を最大限に利用したいという研究者コミュニティーの要望を受けたものである．日本国内でのゼブラフィッシュのバイオリソース事業は，ナショナルバイオリソースプロジェクト(National BioResource Project：NBRP）の一環として，NBRPの開始から1年遅れて2003（平成15）年に第1期が4年計画で開始された[1]．NBRP[2]は，ライフサイエンス研究の基礎・基盤となるバイオリソース（動物，植物，微生物など）の収集・保存・提供を行うとともに，バイオリソースの質の向上を目指し，ゲノム情報などの解析，保存技術などの開発により時代の要請に応えるために，2002（平成14）年に開始された．これまでNBRP第1〜3期（平成14〜28年度）において，実験動植物や微生物などのバイオリソースのうち，国が戦略的に整備することが重要なものについて，体系的な収集・保存・提供などの体制整備を実施してきた．現在は日本医療研究開発機構（Japan Agency for Medical Research and Development：AMED）の管轄のもと，2017（平成29）年度より第4期NBRP（平成29〜33年度）が実施されている．

酒井らにより，ゼブラフィッシュの近交系が確

立され (Shinya and Sakai, 2011)，NBRP より配布されている．また，これまでに日本国内で作製されたトランスジェニック系統や突然変異体系統は，その系統の情報とともに実施機関へ収集されている．この中には，長年にわたり提供され続けているベストセラー系統も含まれ，それらは標準的な系統として世界的に広く研究に利用されている．これまでの提供実績の半分以上は国外向けであり，日本で開発された高品質なゼブラフィッシュ系統は，国内外の研究者に広く活用され，インパクトの大きな研究成果を数多く生み出してきた．リソースを利用した研究の成果は *Nature*, *Nature Neuroscience*, *Nature Methods*, *Nature Communications*, *Science* などの世界的に評価の高い学術雑誌に掲載されている．ゼブラフィッシュのリソースを利用した論文は国内外問わず発表されており，当事業が世界の科学研究に大きく貢献していることを示している．

16.2 NBRP によるゼブラフィッシュ・リソース事業

16.2.1 事業の内容：収集・保存・提供

本事業では，継続的に国内で開発された以下の系統の収集・保存・提供を行う．

①有用突然変異体系統
②有用トランスジェニック系統
③エンハンサートラップ系統とジーントラップ系統
④ DNA 編集による突然変異体系統
⑤ランダム突然変異誘発済み系統
⑥野生型系統

これらは提供頻度によって，生きたまま，または凍結精子として保存している．

本事業は，日本国内で開発されたゼブラフィッシュ系統を対象としている．一方，国外で開発された系統は，米国オレゴン大学にあるリソースセンター Zebrafish International Resource Center (ZIRC)[3] が取り扱っている．

CRISPR/Cas9 法を用いたゲノム編集技術が急速に発展し，ノックアウトやノックインが格段に容易になったことから，日本国内で開発されるリソース数が今後増加することが予想される．第 2 期 NBRP にメダカ研究者コミュニティーとの連携で非常に効率のよい精子凍結保存法を確立した．これにより今後増大が見込まれる系統に関しても，収集・保存が可能となった．また，東日本大震災による停電の経験をふまえ，後述の凍結精子サンプルのバックアップ体制も改善された．

現行の第 4 期では，さらに安定性の高いリソースの保存を目指し，リソースの品質向上（付加情報の整備・魚病対策）を進めている．ゼブラフィッシュの魚病対策は手探りの発展途上段階にあるが，世界的に魚病対策の重要度が急速に増しつつある．NBRP では，ゼブラフィッシュにおいて感染度の高い一部の寄生虫病の対策をとりつつある．

16.2.2 事業の構成

本事業は，以下の構成で行っている．以下の機関が扱うどの系統も，NBRP ゼブラフィッシュのウェブサイトから注文することができる．

代表機関：国立研究開発法人 理化学研究所（代表：岡本仁，分担：吉原良浩）（図 16.1）

国内で開発されたゼブラフィッシュ系統を収集・保存し，供給する．研究者自身からの寄託依頼を受けるだけでなく，発表論文を調査したうえで研究者にコンタクトし，積極的に寄託を依頼することで，収集事業を促進する．分担機関で一次保存された系統のうち，一定期間を経て利用価値や提供頻度が高いと判断される系統の二次保存・供給も行っている．また，別途資金によって代表機関で作製される神経系突然変異系統や，神経系に関わるトランスジェニック系統，ランダム突然変異系統の凍結精子ライブラリーなどを収集・保存・供給する．その他にウェブサイトなどを通して，リソース事業の促進を図る．また，適宜，運営委員会およびメール会議を開催し，プロジェクトの総合推進を行う．

図16.1 理化学研究所のNBRP関連施設（A：建物，B：飼育施設）

分担機関：大学共同利用機関法人 情報・システム研究機構（代表：川上浩一，分担：酒井則良）（図16.2）

情報・システム研究機構では，*Tol2* トランスポゾンを用いてゼブラフィッシュ遺伝子を改変する独自の方法論の開発に成功してきた．この方法を用いて，競争的研究資金によって多数の遺伝子トラップ系統・エンハンサートラップ系統など遺伝子改変ゼブラフィッシュを作製・開発しており，今後も拡大していく．これら系統を収集・保存し，国内外の研究者に時機を逸せず迅速に提供することにより，モデル生物ゼブラフィッシュを用いた研究を推進するための基盤を構築している．代表研究者の川上は，そのような遺伝子改変ゼブラフィッシュのうち，重要性，共用性の高いものについては，交配により継代し，常に交配可能な成魚として維持しており，請求に応じて迅速な提供を行うことができる（データベースzTrap）[4]．また情報・システム研究機構で保存している全系統について，分担研究者の酒井と協力し，精子の凍結保存を行っている．酒井は，世界で初めてとなる近交系ゼブラフィッシュを開発し，さらに新しい近交系の樹立も進めている．近交系ゼブラフィッシュの樹立は，ゼブラフィッシュを用いた遺伝学に新展開をもたらすことが期待される．情報・システム研究機構では，この近交系の保存・維持・提供も行っている．

図16.2 国立遺伝学研究所のゼブラフィッシュ飼育施設

分担機関：大学共同利用機関法人 自然科学研究機構（代表：東島眞一）

代表研究者である東島は，中枢神経系の特定の細胞で蛍光タンパク質，組換え酵素Cre，転写活性化因子Gal4，光駆動性タンパク質を発現する系統の収集・保持・配布に重点をおく．東島によって作製されるトランスジェニック系統は，世界のゼブラフィッシュコミュニティーにおいて，最も美しく，また利用価値の高い系統として評価されており，論文の発表前から，提供の要望が殺到する．代表機関を経由して間接的に提供するのでは，時機を逸する可能性があり，分担機関とし独自に提供している．

バックアップ協力機関：大学共同利用機関法人自然科学研究機構（代表：成瀬清）

東日本大震災を経験したことで，地震などの災害による停電を視野にリソースを分散保管し，系統の安全性を確保する必要に迫られた．そこで，NBRP メダカと連携し，収集系統の凍結精子を相互に保有することで，バックアップの保存体制を整備している．現在，代表機関および分担機関で保存しているゼブラフィッシュの凍結精子サンプルは自然科学研究機構の NBRP メダカ施設に保存されている．ゼブラフィッシュとメダカは小型魚類のモデル動物として代表的な立場にあり，たがいの利点を生かして協調的に事業を進めるよう体制を整えている．

運営委員会

NBRP ゼブラフィッシュの運営委員会は原則的に年に一度開催されており，その他，必要に応じてメール会議を行っている．現在，委員は実施機関から 6 人，ユーザー側から 12 人の構成となっている．運営委員会は当初リソースのヘビーユーザーによって組織された．現在，運営委員会に参加し意見を述べたい利用者には，適宜オブザーバーとして出席してもらい，必要に応じて運営委員会の承認のもと，委員として継続的な参加を許可している．さらに，ゼブラフィッシュやメダカの研究者が集う小型魚類研究会におけるコミュニティーミーティングで，運営委員会の重要性を利用者コミュニティーに説明し，興味ある人の積極的な参加を呼びかけている．加えて，NBRP のウェブサイトで議事録を公開することで，より多くの利用者に運営委員会の透明性と重要性の理解をお願いするとともに，さまざまな分野に広がりつつある利用者の意見を広く取り入れられるよう努力している．運営委員会では，代表機関である理化学研究所に加えて，分担機関である情報・システム研究機構と自然科学研究機構の実施担当者がそれぞれの活動を報告し，運営委員が事業計画の審議および評価を行っている．運営委員会，コミュニティーミーティング，メーリングリストでの意見交換で，計画変更や新規事業計画が必要とされた場合は，運営委員が実施機関に積極的にはたらきかけ，ユーザーの声を反映させる．

16.2.3 収集された系統に関する情報公開・普及活動

収集した系統に関する情報を整備し，NBRP ゼブラフィッシュのウェブサイトを通じて情報公開を行っている．また，各種学会などでブースを出すなどして，ゼブラフィッシュを用いた研究の有効性と意義について広報活動を行っている．また，希望する研究者には技術講習を行い，ゼブラフィッシュ研究の裾野を広げる活動をしている．

第 3 期 NBRP では，理化学研究所，情報・システム研究機構，自然科学研究機構の 3 機関で年間 180 系統以上の収集，年間平均 466 系統の提供実績をあげた．現行の第 4 期 NBRP は，第 3 期の体制を継続し，効率のよい収集・保存・提供を行っている．

ゼブラフィッシュ系統の情報については，情報センターと連携してウェブサイト上でデータベースを公開し注文を受けつけており，MTA 書類も自動配信される仕組みが構築されている．国際的なゼブラフィッシュ系統データベースである米国の The Zebrafish Information Network（ZFIN）[5] と部分的にリンクがつながっており，また英語版のウェブサイトも併設することで，国外のゼブラフィッシュユーザーにも積極的に情報を発信している．

ゼブラフィッシュ系統の提供にあたっては，MTA の中で寄託者が事前に指定した条件を明記し，寄託者の知的財産権を守るよう取り組んでいる．

16.3 リソース事業の将来

ゼブラフィッシュは，最近，哺乳類との脳の構造的保存が発見され，胚だけでなく成魚を使った脳科学の研究にも利用されていること，一度に多数の個体を容易に扱えることから化合物の網羅的スクリーニングにも適していること，飼育のコストパフォーマンスがよいこと，また動物愛護の精神からも哺乳類動物モデルの代替としての注目を集めている．このような理由で，医学・薬学をはじめ，以前よりも広い分野でのゼブラフィッシュの需要が高まっている．本事業では新たにゼブラフィッシュ研究を始める利用者に対し，リソース個体の提供だけではなく，飼育や研究技術の相談や，施設見学も行うなど，普及活動に努めており，ゼブラフィッシュを使う研究者の増加にともない，リソースの需要はさらに増加すると予想される．

〔岡本　仁・川上浩一・東島眞一・石岡亜季子〕

>>> 文献

Agetsuma, M. et al., The habenula is crucial for experience-dependent modification of fear responses in zebrafish, *Nat. Neurosci.*, **13** (11), 1354-6 (2010).

Amo, R. et al., The habenulo-raphe serotonergic circuit encodes an aversive expectation value essential for adaptive active avoidance of danger, *Neuron*, **84** (5), 1034-48 (2014).

Aoki, T. et al., Imaging of neural ensemble for the retrieval of a learned behavioral program, *Neuron*, **78** (5), 881-94 (2013).

Asakawa, K. et al., Genetic dissection of neural circuits by *Tol2* transposon-mediated *Gal4* gene and enhancer trapping in zebrafish, *Proc. Natl. Acad. Sci. U S A*, **105** (4), 1255-60 (2008).

Chou, M. Y. et al., Social conflict resolution regulated by two dorsal habenular subregions in zebrafish, *Science*, **352** (6281) 87-90 (2016).

Higashijima, S. et al., High-frequency generation of transgenic zebrafish which reliably express GFP in whole muscles or the whole body by using promoters of zebrafish origin, *Dev. Biol.*, **192** (2), 289-99 (1997).

Higashijima, S. et al., Visualization of cranial motor neurons in live transgenic zebrafish expressing green fluorescent protein under the control of the islet-1 promoter/enhancer., *J. Neurosci.*, **20** (1), 206-18 (2000).

Kawakami, K. et al., Identification of a functional transposase of the *Tol2* element, an *Ac*-like element from the Japanese medaka fish, and its transposition in the zebrafish germ lineage, *Proc. Natl. Acad. Sci. U S A*, **97** (21), 11403-8 (2000).

Kawakami, K. et al., A transposon-mediated gene trap approach identifies developmentally regulated genes in zebrafish, *Dev. Cell*, **7** (1), 133-44 (2004).

Kimura, Y. et al., *alx*, a zebrafish homolog of *Chx10*, marks ipsilateral descending excitatory interneurons that participate in the regulation of spinal locomotor circuits, *J, Neurosci.*, **26** (21), 5684-97 (2006).

Shinya M. and N. Sakai, Generation of highly homogeneous strains of zebrafish through full sib-pair mating, *G3* (Bethesda), **1** (5), 377-86 (2011).

Suster, M. L. et al., Transposon-mediated BAC transgenesis in zebrafish and mice, *BMC Genomics*, **10**, 477 (2009).

>>> 参考URL

1) ナショナルバイオリソースプロジェクト　ゼブラフィッシュ
https://shigen.nig.ac.jp/zebra/

2) ナショナルバイオリソースプロジェクト
http://nbrp.jp

3) Zebrafish International Resource Center
https://zebrafish.org/home/guide.php

4) zTrap
https://ztrap.nig.ac.jp/ztrap/

5) The Zebrafish Information Network
https://zfin.org/

第17章 実験に必要な手続き

17.1 ゼブラフィッシュを用いるにあたって

ゼブラフィッシュやメダカなどの小型魚類は，脊椎動物の1つのモデル動物として，基礎生物学だけでなく環境学や医学研究にも及ぶ広い領域の研究で，近年盛んに使われている．野生型のゼブラフィッシュやメダカはペットショップでも購入できるため，簡易なペットとして一般の人に飼われている．しかし，研究室においてゼブラフィッシュやメダカを実験動物として飼育し実験に使用する場合は，安易な扱いをしてはいけない．所属する大学または研究施設（以下，機関とよぶ）において，動物実験として申請して機関承認を受ける必要がある．かつ，ゼブラフィッシュに遺伝子導入してトランスジェニックフィッシュを作製する場合は，遺伝子組換え実験として機関承認を受けることで十分な拡散防止措置がとれていることを担保する必要がある（場合によっては大臣確認が必要となる）．また，近年盛んに行われているゲノム編集技術による変異体作製に関しても，たとえ外来性の遺伝子が導入されない場合でも，遺伝子組換え実験として機関承認を受け，変異体は遺伝子組換え体に準じて扱うことが推奨される．本章では，遵守すべき法律・規制および実験を行う際の手続きについて説明する．

17.2 動物実験

17.2.1 動物愛護管理法と3R

動物は愛護すべき存在であり,「動物の愛護及び管理に関する法律」(動物愛護管理法）により動物虐待が禁止されている．同法律では，「生命尊重，友愛及び平和の情操の涵養に資する」，「動物による人の生命，身体及び財産に対する侵害を防止する」こととなっており，動物愛護と動物管理を行わなければならない．2005年の改正（「動物の愛護及び管理に関する法律の一部を改正する法律」法律第68号）にともない，後述する実験動物の愛護に関する理念である3Rのすべてがこの法律に盛り込まれることとなった．研究者は，この動物愛護管理法と「実験動物の飼養及び保管並びに苦痛の軽減に関する基準」(2006年環境省告示第88号）に基づいて，動物実験を行わなければならない．動物実験は，あくまで人類福祉のため（医学，公衆衛生などに貢献するため）に必要なものとして，やむを得ず実施するものであり，動物の幸せを損なう非倫理的な行為であると考え，できるだけ動物への害を小さくする必要がある．そのための動物実験の基準として3Rという理念が提唱されている．

Replacement（代替）：意識・感覚のない低位の動物種，*in vitro* 実験への代替
Reduction（削減）：使用動物数の削減
Refinement（改善）：苦痛軽減，安楽死措置，飼育環境の改善

ゼブラフィッシュを使用する動物実験を行う場合も，3Rの理念を念頭に置いて行わなければならない．動物種に高位・低位が存在するかという問題点はあるが，一般の人の感覚では哺乳類はより高位とされ，動物愛護の点で注目される．それゆえ，動物愛護に関心が高い欧米諸国では，マウスなどの哺乳類を用いる実験はきわめて厳格に行うことが要求され，ゼブラフィッシュなど魚類を用いる研究者が増えている．しかし，魚も痛みを含む感覚をもつとされる動物種である．欧米で

は，すでにゼブラフィッシュを用いた動物実験も厳しく管理されつつある．日本においても，実験を計画する段階で，ゼブラフィッシュを使う必要性を必ず念頭に置かなければならない．細胞培養など *in vitro* 実験で行うことができる研究に関しては，*in vitro* 実験への代替を考慮しなければならない（Replacement）．また，小型魚類，特にゼブラフィッシュは多産で多くの個体数を飼養できる利点があるが，痛みを感じる仔魚期以降の「実験に使用しない」魚を多く育て安楽死させることは，避けるべきである（Reduction）．魚は，苦痛を訴えることはないが，痛みを感じるとされる．実験においては，可能な限り痛みを感じないようにトリカイン（3-アミノ安息香酸エチルメタンスルホン酸塩）などによる麻酔下で行う（Refinement）．痛覚の実験や電気刺激による学習実験などは，麻酔下で実験を行うことができない．その場合は，できるだけ痛みを軽減した条件下で実験を行う．また，実験により魚が強く苦痛を感じていると判断された場合は（魚の行動で判断），麻酔または冷水処理後，凍結などによる安楽死をさせる必要がある．実験動物の飼育においては，環境の悪化や施設の汚染により動物が障害を受けることのないよう配慮しなければならない．

このように，ゼブラフィッシュを用いた動物実験を行うにあたっては，3R を意識して必要な手続きを行わなければならない．

17.2.2 動物実験委員会

法令・規定に基づいた動物実験を行うために，日本学術会議が「動物実験の適正な実施に向けたガイドライン」（2006 年 6 月 1 日）を発表している．このガイドラインでは，機関長の権限と責任において，施設の管理者および実験動物管理者を任命するとともに，実験動物の適正な飼養・保管，施設などの整備および管理の方法を定めた規定をつくることになっている（例：名古屋大学における動物実験等に関する取扱規程）．また，動物実験委員会を機関に設け，動物実験責任者（各研究グループの長）から提出された動物実験計画について，科学的合理性の観点から審査を行うとともに，動物実験の実施に関して調査し，機関長に報告・助言することになっている．日本の動物愛護管理法では，両生類以下の脊椎動物（両生類と魚類）および無脊椎動物は法律対象になっておらず，ゼブラフィッシュを含む小型魚類は，法律によって保護される実験動物ではない．しかしゼブラフィッシュやメダカなどの小型魚類を愛護動物として扱うことは，国際的な認識として定着している．ゼブラフィッシュを用いた研究を論文として学術雑誌に投稿する場合，必ず動物実験を行う際の倫理に関する文章を記載しなければならない（17.5 節参照）．ゼブラフィッシュを用いた研究を行うのであれば，動物実験計画書を動物実験委員会に提出し，機関承認を受ける必要がある．新規にゼブラフィッシュを飼育し，実験を行う場合は，飼育室と実験室の承認も受けなければならない．

17.2.3 飼養保管施設設置承認申請書および動物実験室設置承認申請書

新規にゼブラフィッシュを飼育して実験を行うためには，飼育室（飼養保管施設）と実験室を動物実験委員会に申請し承認を受けなければならない．飼育室と実験室の建物構造（鉄筋コンクリートなど），空調設備（エアコン，除湿機），飼育設備（飼育システム，ラックなど），逸走防止策（飼育システムおよび流しの排水口へのフィルター設置など），衛生設備（手洗い），周辺への悪影響防止対策（異臭・騒音への対策）を記載しなければならない．遺伝子組換え体を飼育し実験に用いる場合は，そのことを記載し，ゼブラフィッシュが施設外に出ないよう拡散防止の設備が備えられていること（飼育室），組換え体の不活化処理（オートクレーブ処理，次亜塩素酸処理，パラホルムアルデヒドによる固定）に関して記載する．

17.2.4 動物実験計画書

機関によって書式は異なるが，以下の記載事項はおおむね同様である．筆者らの機関では，年度ごとに計画書を提出している．

①実験者情報：動物実験責任者および実験従事者．動物実験従事者は実験を開始する前に，機関内で実施される動物実験講習を受けなければならない．

②研究・実験内容：研究課題や研究目的とともに，具体的な研究計画と方法を記載する．目的には，細胞培養など，動物を使わない実験で代替できないことを記載する必要がある．研究計画・方法に関しては，ゼブラフィッシュができるだけ苦痛を感じない実験条件下で行うことを記載する．可能ならその根拠も記載する．やむを得ず実験途中でゼブラフィッシュに大きな侵襲を与える場合や，実験終了後に魚を維持できない場合には，トリカインで麻酔あるいは冷水処理後，凍結などにより安楽死させることを記載する．

③期間・場所・規則の遵守：実験期間，飼育場所，実験実施場所，使用動物（ゼブラフィッシュの系統，数，入手先）のほか，遺伝子組換え実験（17.3.6項・17.3.7項参照）や病原微生物・有害物質が関わる場合は記載する．動物実験の苦痛に関しては，北米の科学者の集まりであるScientists Center for Animal Welfare（SCAW）が動物が感じる苦痛の度合いをカテゴリー化（A～E）している．ここではその詳細は述べないが，カテゴリーを記載する．また，動物の苦痛を軽減する方法（麻酔），安楽死の方法を具体的に記載する．

17.2.5 変更申請書，動物実験報告書

実験従事者の変更，飼育施設・実験室の変更が生じた際は，適宜書類を動物実験委員会に提出し承認を受ける必要がある．また，年度ごとに動物実験報告書も提出する．当該研究が終了した場合は実験終了報告書を，飼育室および実験室を動物実験に使用しなくなった場合にも，当該の書類を動物実験委員会に提出して，終了の承認を受ける．

17.3 遺伝子組換え実験

17.3.1 カルタヘナ法

ゼブラフィッシュに遺伝子を導入する実験および，それにより作製した組換えゼブラフィッシュの飼育・使用は，遺伝子組換え実験に該当する．また，遺伝子組換え生物の移動（国内での移動，輸出入）についても規制の対象となる．TALENやCRISPR/Cas9などのゲノム編集技術により塩基の欠失や挿入を起こしたゼブラフィッシュも，遺伝子組換え生物に準じて取り扱わなければならない．

生物多様性への悪影響の未然防止などを目的とするカルタヘナ議定書は，2000年1月に成立し，2019年現在171か国が批准している．わが国も2003年11月に締結し，2004年2月に発効となった．これにともなって，遺伝子組換えに関する組換えDNA実験指針（1979年に告示）は廃止され，「遺伝子組換え生物等の使用等の規制による生物の多様性の確保に関する法律」（カルタヘナ法）が制定された．カルタヘナ法の具体的内容は省令ならびに告示に定められており，研究者はこれら規則に従い遺伝子組換え実験を行わなければならない．

カルタヘナ法では，遺伝子組換え生物は詳細に定義されている．詳細は，文部科学省のウェブページ（https://www.lifescience.mext.go.jp/bioethics/anzen.html）を参照されたい．ゼブラフィッシュを用いる研究においては，遺伝子を導入された組換えゼブラフィッシュだけでなく，その作製過程で用いた外来性遺伝子（プラスミドDNAなど）を含む大腸菌や酵母，ゼブラフィッシュに遺伝子（形質）を導入するために用いたウイルス（レトロウイルス，レンチウイルス，狂犬病ウイルスなど），自然条件下で複製できる（維持・増殖することができる）生物・ウイルスが遺伝子組換え生物に該当する．ゼブラフィッシュの遺伝子を導入した培養細胞株は，細胞培養という特殊条件下でしか生存できないので，遺伝子組換

え生物に該当しないが，その作製にレトロウイルスやレンチウイルスを用いた場合はそのウイルス粒子が遺伝子組換え生物に該当する．法令において，遺伝子組換え生物の使用は第一種と第二種に分類されている．第一種使用等は環境中への拡散を防止しないで行う実験など，つまり遺伝子組換え植物の圃場栽培や動物の屋外飼育のことである．第二種使用等は環境中への拡散を防止しつつ行う実験などとされており，研究者が通常の実験室で行う遺伝子組換えは第二種使用等となる．研究者は，第二種使用等の実験に関しては，「研究開発等に係る遺伝子組換え生物等の第二種使用等に当たって執るべき拡散防止措置等を定める省令」（二種省令）およびそれに基づく告示（二種告示）に従い，拡散防止措置をとらなければならない．

17.3.2 拡散防止措置（P1/P2/P1A/P2A）

遺伝子組換え生物を作製・使用，保管，運搬する際，遺伝子組換え生物が拡散しないように防止しなければならない．拡散防止措置は，実験内容すなわち，宿主の実験分類クラスと核酸供与体の実験分類クラスで，大まかにP1～P3（微生物使用実験）およびP1A～P3A（動物使用実験）にレベル分けされる（Pの後の数字が大きい方がより厳しい拡散防止措置・物理的封じ込めをしなければならない）．さらに，供与核酸の科学的知見（哺乳動物類に対する病原性および伝達性など）や宿主の性質に基づき，そのレベルが変わる場合もある．また，特定の条件を満たせば，特定飼育区画（動物使用実験）という形をとることも可能である．詳細は二種省令および前述の文部科学省のウェブページを参照されたい．ゼブラフィッシュを用いた実験計画の典型例として，遺伝子を導入した大腸菌を用いた実験はP1，レトロウイルス・レンチウイルス・狂犬病ウイルス（弱毒化株）の作製に係る実験はP2レベルの実験である．ゼブラフィッシュを用いた実験は同定済みの遺伝子を導入したゼブラフィッシュの作製，あるいはこれを用いた実験（動物作成実験）であることが多く，これらはP1Aレベルの実験である．レトロウイルス・レンチウイルス・狂犬病ウイルス（弱毒化株）などのウイルスをゼブラフィッシュに感染させる実験（動物接種実験）はP2Aレベルの実験となる．これらの実験は，それぞれの拡散防止措置レベルに応じた施設（後述）で行わなければならない．ここにあげたのは一例であり，同じ生物を使用した場合であっても，導入核酸や実験内容によってとるべき拡散防止措置は変わる可能性がある．

大学研究機関あるいは事業所においては，遺伝子組換え実験を行う前に，機関内で実験室の承認を受けることになっている場合が多い（実験室設置申請）．大腸菌を用いたプラスミドの回収など，遺伝子組換え実験をすでに行っている研究室であれば，P1レベルの実験室は設置されている．P1レベルの措置の要件としては，実験室は通常の生物の実験室としての構造と設備（流しなど）を有していること，遺伝子組換え生物を含む廃棄物は廃棄の前に不活化の措置を講じること，遺伝子組換え生物が付着した設備・機器および器具についても廃棄・再使用の前に組換え生物の不活化を講じること，扉は閉じておくこと，飲食の禁止，実験の内容を知らない者がみだりに実験室に立ち入らないような措置を講ずることなどがある．P2レベルの措置は，P1を満たす要件に加えて，実験室（エアロゾルが生じやすい実験を行う実験室）に研究用安全キャビネットが設けられていること，実験室のある建物内に高圧蒸気滅菌器（オートクレーブ）が設けられていることなどがある．また，P1レベルの実験を同じ実験室で同時に行うときは，P2区域を明確に設定する，またはすべての実験に関してP2レベルの拡散防止措置をとる必要がある．P1A，P2Aに関しては，P1，P2の要件に加えて，動物の逃亡防止措置のための設備・機器・器具を設けることが必要となる．組換えゼブラフィッシュ個体や，個体から派生した精子や卵が，生きた状態（活性のある状態）で施設から出ないようにしなければならない．ゼブラフィッシュは水中以外では1～2分程度しか生存できない．ゼブラフィッシュの受精卵の直径は0.5 mm程度，胚や仔魚の胴径も0.5 mm程度である．精子は淡水中では3分以内に不活化する．これらの施設外への拡散を防止するためには，飼育システムまたは排水口に物理的なフィルターやメッシュ（孔径0.4 mm以下を推奨）を設置する，あるいはそれと同等な拡散防止措置をとる必要がある．前述のように，仔魚期以降の組換えゼブラフィッシュを不活化するためには，麻酔または冷水処理後凍結などにより安楽死させる．受精卵や胚の不活化には次亜塩素酸処理を行う．ネットなども次亜塩素酸処理（0.02%，1時間以上浸漬），70%エタノール処理（5分間以上），オートクレーブ処理（121℃，20分間）を行う．特に組換えウイルス感染実験（P2Aレベル）では，組換えウイルス液，感染細胞・組織，安楽死させた感染ゼブラフィッシュおよびウイルスが付着した器具や物品などはオートクレーブ処理，次亜塩素酸処理あるいはパラホルムアルデヒド処理により不活化し，ウイルス不活化後に廃棄あるいは再利用する．感染したゼブラフィッシュの使用済みの水槽水もオートクレーブ処理もしくは次亜塩素酸処理を行い廃棄しなければならない．

ゼブラフィッシュを用いた実験では，魚の飼育に加えて，系統保存のための凍結精子や遺伝子を導入した大腸菌・酵母，遺伝子導入のためのウイルスなどを保管することがある．その場合，内容物が遺伝子組換え生物であることをチューブなど保存容器に明記し，冷蔵・冷凍庫にも遺伝子組換え生物が保管されていることを表示しなければならない．また，施設外に運搬する場合も，逃亡（魚）や漏出（精子・大腸菌・ウイルスなど）が起こらない容器に入れて搬出する．たとえば，ゼブラフィッシュをビニール袋，ペットボトルあるいはプラスチックなどの密閉容器に入れ，さらにビニール袋で二重に密閉する．この密閉した容器を発泡スチロールに入れ，さらに段ボール箱などに入れて輸送途中の破損を防ぐ．また，段ボール箱には，組換え体が入っており取扱いに注意を要する旨を表示しなければならない．

ゼブラフィッシュの拡散防止措置に関しては，全国大学等遺伝子研究支援施設連絡協議会のウェブページ（https://www.idenshikyo.jp/download/anzen_zebrafish.pdf）にも記載されており，参照されたい．

17.3.3 大臣確認実験

ゼブラフィッシュを用いる遺伝子組換え実験で，とるべき拡散防止措置が明確な場合には，遺伝子組換え（組換えDNA）実験計画書を機関内に設置された遺伝子組換え実験安全委員会に提出し，承認を受ける必要がある（機関承認実験）．一方，病原性や伝達性の高い組換え生物を使用する場合など，とるべき拡散防止措置が明確でない実験の場合は，主務大臣（自然科学研究に関しては文部科学大臣）に確認を取らなければならない（大臣確認実験）．大臣確認実験の例として，危険度の高いウイルスを用いた微生物実験（HIV-1，狂犬病ウイルスなど：二種告示でクラス3や4に相当するもの），病原微生物の感染受容体遺伝子を付与する動物を作製する動物実験，自立的な増殖力および感染力を保持したウイルスまたはウイロイドが生じる動物実験などがあげられる（二種省令別表第一）．大臣確認実験に該当するかどうかは，個々の研究者が安易に判断せず，機関内の遺伝子組換え実験の責任者（あるいは専門家），必要であれば文部科学省研究振興局ライフサイエンス課に判断を仰ぐべきである．

筆者らの研究室では，トリ肉腫白血病ウイルスの膜タンパク質EnvAを有し，狂犬病ウイルスの複製・感染に必要な膜タンパク質Gを欠失させた（感染能力がない）組換え狂犬病ウイルスを用いた，神経回路トレーシングの実験を行った（Dohaku et al., 2019）．この実験では最初に，組換え狂犬病ウイルスを感染させるため，特定のニューロンにEnvAが結合する受容体TVAと狂犬病ウイルスのGを発現するゼブラフィッシュを作製する．その組換えゼブラフィッシュに組換え狂犬病ウイルスを感染させ，感染組織の観察を行う．組換え狂犬病ウイルスは，TVAとGを発現するニューロンにのみ感染する．そのニューロンで狂犬病ウイルスは複製され，逆行性に伝播され，シナプス前細胞に感染する．これにより，神経回路で上流に位置するニューロンを標識することができる（感染した細胞では蛍光タンパク質が発現する）．組換えゼブラフィッシュの作製は同定済みの遺伝子だけが導入されているのでP1Aレベル，狂犬病ウイルス感染実験はP2Aレベル（クラス2である狂犬病ウイルス弱毒株の動物実験はP2A）となる．この実験では，トリ肉腫白血病ウイルス感染性をゼブラフィッシュに付与するのでP1A大臣確認実験となる（二種省令別表第一の三のロに該当）．感染したゼブラフィッシュでは，一過性に自立的な増殖力および感染力を保持した狂犬病ウイルス粒子がつくられるため，感染実験はP2A大臣確認実験となる（二種省令別表第一の一のへに該当）．筆者らはこの実験を行うために，大臣確認実験として申請し，確認を得ている．大臣確認には半年から1年の時間がかかるので注意する必要がある．

17.3.4 組換え生物の情報提供

カルタヘナ法では，遺伝子組換え生物をほかの研究者に譲渡する場合，遺伝子組換え生物の名称（系統名），および供与核酸または複製物の名称，譲渡者の氏名・住所などを譲受者に連絡しなければならない（施行規則第32，33条）．米国はカルタヘナ議定書に批准していないため，米国から組換えゼブラフィッシュが送られてくる際は，これらの情報は送られてこないが，組換え生物の性状などに関して，できるだけ情報を得る（購入する場合は，組換えゼブラフィッシュの性状が記載されたページなどを参照する）ことが求められる．ゲノム編集技術で作製したゼブラフィッシュ変異体を国内・国外に譲渡する場合も，遺伝子組換え生物と同様に情報提供をしなければならない．

17.3.5 遺伝子組換え実験室設置申請書

遺伝子組換え実験（機関承認）を行う場合，場所（実験室，飼育室）と実験計画（後述）を遺伝子組換え実験安全委員会に申請し，承認を受けるという機関がほとんどである．本項と次項では，筆者らの機関における例について述べる．遺伝子組換え実験室の設置申請では，実験室名とともに，拡散防止措置としての物理的封じ込めレベルP1/P2/P1A/P2Aを明記しなければならない．また，その拡散防止措置を遂行するための設備，すなわち流し，安全キャビネット，オートクレーブ，排水口や流しに設置するフィルター・メッシュ，組換え体不活化のための次亜塩素酸用タンクや70%エタノールスプレー，冷蔵・冷凍庫，遠心機などを記載し，実験室の見取り図などを添付しなければならない．

17.3.6 遺伝子組換え実験計画書

カルタヘナ法および二種省令に記載された内容に従って，以下の内容を記載しなければならない．遺伝子組換え実験室設置申請書の内容と一部重複する．

①実験区分：微生物使用実験，動物使用（作成・接種）実験，ゲノム編集実験など（17.4節参照）
②拡散防止措置の区分：P1/P2/P1A/P2A（通常のトランスジェニック作製やゲノム編集実験の場合はP1，P1A）
③大臣確認の適用の有無
④実験の課題名，目的，概要
⑤導入する核酸，核酸供与体の生物種名，二種省令に基づく生物種のクラス
⑥宿主に関する情報：ゼブラフィッシュ，大腸菌，ウイルスなど
⑦導入する核酸と宿主との組み合わせによる，拡散防止措置の区分の決定
⑧その他：実験室（見取り図）と拡散防止措置の区分，実験従事者（筆者らの機関では，実験開始前に遺伝子組換え実験の安全教育を受講しなければならない），場合によっては実験の手順を記載した図・説明文も記載する

大臣確認実験の場合は，大臣確認申請書を，機関を通して文部科学省に提出し確認を受けなければならない．フォーマットは前述の文部科学省のウェブページから入手できる．通常の遺伝子組換え実験申請書より，さらに詳細な記載が必要となる．機関内の遺伝子組換え実験計画書を提出したうえで，大臣確認を受けることになる．

17.3.7 変更，終了，報告書

実験従事者の変更，実験室や実験計画の変更が

生じた際は，適宜書類を機関内の遺伝子組換え実験安全委員会に提出し，場合によっては承認を受ける必要がある．大学の場合，学生の入学や卒業にともなう実験従事者の変更が毎年あるので，年度始めには変更の申請を行うことになる．大臣確認実験の場合も，実験の管理者，実験室の名称などの変更がある場合は，文部科学省に適宜報告しなければならない．軽微変更報告様式は，先にあげた文部科学省のウェブページからダウンロードできる．導入する核酸の追加など，研究者にとって軽微と思える変更であっても，文部科学省に変更か再申請かの判断を仰ぐべきである．また，当該実験が中止・終了した場合は，終了（中止）報告書を機関内の遺伝子組換え実験安全委員会に，大臣確認実験の場合は，文部科学省にも提出する．

遺伝子組換えゼブラフィッシュの研究を行う場合は，まず機関ごとに定められた遺伝子組換え実験の手続きを行い承認を得て，そのあとに動物実験の手続きを行うのが一般的である．動物実験申請書には，遺伝子組換え実験が承認されていることを記載しなければならないからである．

17.4 最近の動向

ゲノム編集技術は生命科学を大きく変えつつある．一方，ゲノム編集技術を用いて作製される生物に関する法規制は，まだ完全に整備されたとはいえない．このほど中央環境審議会によりとりまとめられた「ゲノム編集技術の利用により得られた生物であってカルタヘナ法に規定された「遺伝子組換え生物等」に該当しない生物の取扱いについて（2019 年 2 月 8 日付環自野発第 1902081 号環境省自然環境局長通知）」を受けて，文部科学省が策定した「研究段階におけるゲノム編集技術の利用により得られた生物の使用等に係る留意事項について（元受文科振第 100 号）」によると，

①核酸（RNA を含む）を用いたゲノム編集技術で塩基の挿入や欠失を起こした変異体は，カルタヘナ法に基づく遺伝子組換え生物として扱う．

②核酸を用いないゲノム編集技術（例：TALEN タンパク質の導入）で作製された変異体はカルタヘナ法の対象外となる．

③①の変異体のうち外来性の核酸を含まない変異体はカルタヘナ法の対象外となる．

しかしながら，外来性の核酸が存在しないことの確認方法が規定されていない現時点においては，①～③すべてを遺伝子組換え生物として取り扱うべきである．したがって，ゲノム編集で作製されたゼブラフィッシュを譲渡する場合も，組換え生物と同様に情報提供する必要がある．詳しくは文部科学省の告示・通達を見ていただきたい．米国のように，ゲノム編集を遺伝子組換え実験としてとらえていない国から，ゲノム編集により作製されたゼブラフィッシュ変異体を受け取る場合も，そのことに留意し，遺伝子組換え実験計画書などに記載すべきである．

17.5 研究費申請や論文投稿などの際の注意

動物実験も遺伝子組換え実験も法規制に基づいて行うものである．ただし法や規制だけを守ればよいというものではない．研究の最終的な目的を達成するため，研究室ではさらに個々の研究室のルールを作成し，危険のない，かつ動物愛護の観点からゼブラフィッシュにも優しい研究環境をつくることも重要である．

研究者は科学研究費などの外部資金の申請の際に，動物実験や遺伝子組換え実験について，法令などを遵守していることを記載しなければならない．また，論文を投稿するにあたっても，動物実験を行う際の倫理に関する文章を「Materials and Methods」の項目に記載しなければならない．以下，筆者らの研究室で論文を投稿する際に

記載した文章例である.

The animal work in this study was approved by Nagoya University Animal Experiment Committee (approval number： xxxx, xxxx) and was conducted in accordance with "Regulation on Animal Experiments in Nagoya University (Regulation No. 71, March 12, 2007)" and the "Guidelines for Proper Conduct of Animal Experiments (June 1, 2006, Science Council of Japan)".

このように，ゼブラフィッシュを用いた研究にも煩雑な手続きを必要とするが，これは決して自由な研究活動を妨げるものではない．法や規制を遵守し，よりよい研究を遂行することが研究者に望まれる.

〔日比正彦・清水貴史・橋本寿史・井原邦夫〕

引用文献

Dohaku, R. et al., Tracing of afferent connections in the zebrafish cerebellum using recombinant rabies virus, *Front. Neural Circuits*, **13**: 30 (2019).

参考文献

吉倉　廣 監修，よくわかる！研究者のためのカルタヘナ法解説：遺伝子組換え実験の前に知るべき基本ルール，ぎょうせい (2006).

索　引

欧　字

あ　行

か 行

さ 行

た 行

な 行

は 行

ま 行

や 行

ら 行

わ 行

編著者略歴

平田普三（ひらた ひろみ）

1973年　広島市に生まれる
2000年　京都大学大学院理学研究科博士課程修了
　　　　京都大学ウイルス研究所，ミシガン大学，
　　　　名古屋大学大学院，国立遺伝学研究所を経て
現　在　青山学院大学理工学部教授
　　　　青山学院大学ジェロントロジー研究所長
　　　　青山学院大学脳科学研究所長
　　　　博士（理学）

ゼブラフィッシュ実験ガイド　　定価はカバーに表示

2020年11月1日　初版第1刷

編著者　平　田　普　三
発行者　朝　倉　誠　造
発行所　株式会社　朝　倉　書　店

東京都新宿区新小川町6-29
郵便番号　162-8707
電　話　03(3260)0141
FAX　03(3260)0180
http://www.asakura.co.jp

〈検印省略〉

シナノ印刷・渡辺製本

ISBN 978-4-254-17173-0　C 3045　　Printed in Japan